食品质量安全检验基础与技术研究

李海燕 ◎著

吉林科学技术出版社

图书在版编目（CIP）数据

食品质量安全检验基础与技术研究 / 李海燕著. --
长春：吉林科学技术出版社，2022.4
ISBN 978-7-5578-9547-1

Ⅰ．①食… Ⅱ．①李… Ⅲ．①食品检验—研究 Ⅳ.
①TS207.3

中国版本图书馆 CIP 数据核字(2022)第 113999 号

食品质量安全检验基础与技术研究

著	李海燕	
出 版 人	宛 霞	
责任编辑	杨雪梅	
封面设计	金熙腾达	
制 版	金熙腾达	
幅面尺寸	185mm×260mm	
开 本	16	
字 数	300 千字	
印 张	13.25	
印 数	1-1500 册	
版 次	2023年1月第1版	
印 次	2023年1月第1次印刷	

出 版	吉林科学技术出版社
发 行	吉林科学技术出版社
地 址	长春市南关区福祉大路5788号出版大厦A座
邮 编	130118

发行部电话/传真　0431-81629529　81629530　81629531
　　　　　　　　　81629532　81629533　81629534

储运部电话	0431-86059116
编辑部电话	0431-81629510
印 刷	廊坊市印艺阁数字科技有限公司

书 号	ISBN 978-7-5578-9547-1
定 价	58.00 元

前　言

随着人类社会的发展和生活水平的提高，消费者对食品的要求也越来越高，食品除营养丰富、美味可口外，还要安全、卫生。食品是人类最基本的生活物资，是维持人类生命和身体健康不可缺少的能量源和营养源。食品安全是关系到人民健康和国计民生的重大问题。食品的原料生产、初加工、深加工、运输、储藏、销售、消费等环节都存在着许多不安全的卫生因素，例如：工业"三废"可污染土壤、水、大气；一些食品原料本身可能存在有害的成分（如马铃薯中的龙葵素、大豆中的胰蛋白酶抑制物）；农作物生产过程中由于使用农药，产生农药残留问题（如有机氯农药、有机磷农药）；食品在不适当的贮藏条件下，可由于微生物的繁殖而产生微生物毒素（如霉菌毒素、细菌毒素等）的污染；食品也会由于加工处理而产生一些有害的化学物质（如多环芳烃、亚硝胺）等。

食品质量安全检测技术发展至今，已成为全面推进食品生产企业进步的重要组成部分。它突出地体现在通过提高食品质量和全过程验证活动，并与食品生产企业各项管理活动相协同，从而有力地保证了食品质量的稳步提高，不断满足社会日益发展和人们对物质生活水平提高的需求。为了保证食品的安全，保护人们身体健康免受损害，快捷、高效、准确的检测技术手段必不可少。食品质量安全检测技术发展至今，已成为全面推进食品生产企业进步的重要组成部分。它对食品质量的稳步提高具有重要意义。

基于此，本书对食品质量安全检验基础与技术进行了研究。首先，对食品质量安全理论进行了论述；其次，重点对食品的物理检验技术、食品添加剂的检验技术、食品微生物的检验技术、食品包装材料和容器中有害物质的检测技术等进行了重点分析；最后，对食品标准认证技术进行了阐述。本书可为食品检测和食品安全管理人员提供参考。

在本书的撰写过程中，参阅、借鉴和引用了国内外许多同行的观点和成果。各位同仁的研究奠定了本书的学术基础，对食品质量安全检验基础与技术研究的展开提供了理论基础，在此一并感谢。另外，受水平和时间所限，书中难免有疏漏和不当之处，敬请读者批评指正。

目 录

第一章　食品质量安全理论

第一节　食品质量与质量管理概述

食品是一种与人类健康有着密切关系的特殊有形产品，它既符合一般有形产品质量特性和质量管理的特征，又具有其独有的特殊性和重要性。

一、质量及其观念

质量也称"品质"。质量的概念最初用于产品，逐渐扩展到服务、过程、体系和组织领域。所以，质量有狭义和广义之分。狭义的质量仅指产品质量，包括有形产品质量和无形产品（服务）质量。广义的质量指"产品、体系或过程的一组固有特性满足规定要求的程度"，包括产品质量、过程质量、工作质量及服务质量。由此，产品质量对生产者和消费者分别产生符合性和适用性两种质量观念。

（一）质量的基本概念

随着社会经济和科学技术的发展，对质量概念的认识经历了一个不断发展和深化的过程。有代表性的概念如下：

1.朱兰的质量定义

美国著名的质量管理专家朱兰（J. M. Juran）博士从顾客的角度出发，提出了产品质量就是产品的适用性，即产品在使用时能成功地满足用户需要的程度。朱兰的质量定义包含了使用要求和满足程度两方面的含义。

人们对产品质量的要求往往受到使用时间、使用地点、使用对象、社会环境和市场竞争等因素的影响。质量是动态的、变化的、发展的，随着时间、地点、使用对象的不同而异。产品质量随着社会的发展、技术的进步而不断更新和丰富。

用户对产品的使用要求的满意程度，反映在对产品的性能、经济特性、服务特性、环境特性和心理特性等方面。因此，质量是一个综合的概念，并不是技术特性越高越好，而是追求性能、成本、数量、交货期、服务等因素的最佳组合，即所谓的最适当。

2.GB/T 19000 的质量定义

GB/T 19000《质量管理体系基础和术语》的质量定义：一组固有特性满足要求的程度。

（1）"特性"分为固有特性和赋予特性

固有特性指事物本来就有的特性，是通过产品、过程或体系设计和开发及其实现过程形成的属性，在形式上表现为技术指标。例如：物质特性（如机械、电气、化学或生物特性）、感官特性（如用嗅觉、触觉、味觉、视觉等感觉检测的特性）、行为特性（如礼貌、诚实、正直）、时间特性（如准时性、可靠性、可用性）、人体工效特性（如语言或生理特性、人身安全特性）、功能特性（如飞机最高速度）等，这些固有特性的要求大多是可测量的。

赋予特性指人为增加成分或给予事物的特性，赋予特性并非产品、体系或过程的固有特性，如某一产品的价格。

（2）"要求"可分为明示的、通常隐含的和必须履行的需求和期望

明示的要求是指明确提出来的或规定的要求。明示的要求包括以合同契约形式规定的顾客对实体提出的明确要求以及标准化、环保和安全卫生等法规规定的明确要求。如在水果买卖合同中明确提出大小或顾客口头明确提出的要求。

通常隐含的要求是指组织、顾客和其他相关方的惯例或一般做法，所考虑的需求或期望是不言而喻的。隐含的要求指社会对实体的期望，虽然没有通过一定形式给出明确的要求，却是人们普遍认同的无须事先申明的需要。例如采购方便面，只需要提出购买某一品牌的方便面就可以了，而不用单独提出方便面必须是安全的或要满足相应的国家标准，因为只要是生产食品，食品企业就知道必须满足这些要求。

必须履行的是指法律法规要求的或有强制性标准要求的，也是必须履行的要求。例如，出口企业必须进行卫生注册或登记，必须通过 HACCP 或 ISO 9001 认证等。

（3）程度

程度是指质量满足要求的不同程度，所谓质量的好坏。如满足要求的程度高就认为质量好，否则就认为其质量不好。因此，评价质量的优劣，主要依据其满足要求的程度。

（二）质量观念

质量观念随着社会的进步和生产力的发展而演变，可分为两种代表性的观念：符合性质量和适用性质量。质量特性有些是可以定量的，有些是不能定量而只能定性的。实际工作中，可将不定量的特性转换为可定量的符合性质量。质量的适用性建立在质量特性的基础之上。

1.符合性质量

对于生产者而言，质量同技术要求一致，即符合性。质量并不意味着好、卓越、优秀的，而是对于规范和要求的符合。符合规范和要求就意味着质量合格，不符合规范和要求

则质量不合格。

把符合规范作为质量合格的依据，在质量管理的实际工作中比较实用，但存在一定的局限性。规范有先进和落后之分，如果符合落后的规范，也不能认为质量是好的。而且，规范也不规定顾客所有的要求和期望，特别是顾客隐含的要求和期望。所以，以符合规范作为质量合格的依据，可以降低企业生产成本，有时会忽略顾客的要求。符合性质量是在供方的立场上考虑问题，较少顾及生产者和用户之间对产品质量在认识上的差异。

2.适用性质量

对顾客而言，质量就是适用性，即满足顾客对产品或服务的期望。质量不仅指产品本身，还涵盖与产品有关的服务。

适用性是以顾客使用产品的满意程度为依据来评价质量的。适用性包括使用性能、辅助性能和适应性。使用性能指产品做得怎么样，产品功能反映产品可以做什么。辅助性能指保障使用性能发挥作用的性能。适应性指产品在不同的环境下依然保持其使用性能的能力。这是以适合顾客需要的程度作为衡量依据的，是从使用的角度来定义质量，认为产品质量是产品在使用时能满足顾客需要的程度。适用性就是以使用中的产品对顾客的满意程度为依据来评价质量的。

顾客感受到的质量就是产品的适用性，而不是符合规范。顾客一般不知道"规范"是什么，但能够感受到产品的交货时间或使用中的适用性。因此，组织存在的根本目的就是提供能满足顾客要求的产品。这是以适合顾客需要的程度作为衡量依据的，即从使用的角度来定义质量，认为产品质量是产品在使用时能满足顾客需要的程度。

与符合性质量相比，适用性质量更多地从顾客角度反映产品质量的感觉、期望和利益，提示了质量最终体现在使用过程的价值观，对于重视顾客、明确组织存在的根本目的和使命具有极为深远的意义。适用性质量是社会生产力高度发展的产物，体现了以顾客为中心，满足顾客的需求才能赢得市场。

二、质量特性

（一）质量的基本特性

质量特性是指产品所具有的满足用户特定（明确和隐含的）需要的、能体现产品使用价值的、有助于区分和识别产品的、可以描述或可以度量的基本属性。不同的实体具有不同的质量特性和要求，质量具有经济性、广义性、时效性和相对性等基本特性。

1.经济性

以最好的产品最大限度地满足顾客的需求，以求获得最大的利润。产品对企业和顾客来说经济上是合理的。

2. 广义性

质量不仅指产品质量，还包括服务质量、部门质量、体系质量、管理质量。在质量管理体系所涉及的范畴内，相关方对组织的产品、过程或质量管理体系都可能提出要求，而产品、过程和质量管理体系又都有各自的固有特性。因此，质量不仅指产品质量，也可指过程质量和质量管理体系的质量。

3. 时效性

一方面，组织的顾客和其他相关方对组织的产品、过程和质量管理体系的需求和期望不是一成不变的，而是不断变化和提高的；另一方面，随着科学技术的发展，产品、过程和质量管理体系的要求也在不断变化和提高，因此，以前被认为质量好的产品、过程和质量管理体系，对于这些不断变化和提高的需求和期望而言，也可能会被认为是不好的。因此，组织为了保持其满足要求的能力，应不断地对质量要求进行调整。食品企业应不断地调整对质量的要求。

4. 相对性

不同人对质量的要求是不同的，因此会对同一产品的功能提出不同的需求，也可能对同一产品的同一功能提出不同的需求。由此可见，需求不同，对质量的要求也不同。

（二）质量特性的类别

不同种类的产品具有不同的质量特性。根据产品的种类，可以分为有形产品质量特性、服务质量特性、过程质量特性和工作质量特性四类。

1. 有形产品质量特性

有形产品质量特性包括功能性、可信性、安全性、适应性、经济性和时间性六个方面，综合地反映有形产品的内在质量特性，体现产品的使用价值。

（1）功能性

功能性指产品满足使用要求所具有的功能。功能性包括外观功能和使用功能两个方面。外观功能包括产品的状态、造型、光泽、颜色、外观美学等。外观美学价值是消费者在决定购买时首要的决定因素，食品对外观功能的要求很高。使用功能包括食品的营养功能、感官功能、保健功能、包装物的保藏功能等。

（2）可信性

可信性指产品的可用性、可靠性、可维修性等，即产品在规定的时间内具备规定功能的能力。一般来说，食品应具有足够长的保持期。在正常情况下，在保持期内的食品具备规定的功能。有良好品牌的产品一般有较高的可信度。

（3）安全性

安全性指产品在制造、贮存、流通和使用过程中能保证把人身和环境的伤害或损害控制在一个可接受的水平。食品作为一个产品，它的安全性是内在质量特性的首位。食品安全管理体系应确保整个食品链直至消费者的食品安全性。例如，在使用食品添加剂时应按照规定的使用范围和用量，才能保证食品的安全性。同样，产品对环境也应是安全的，企业在生产产品时应考虑到产品及其包装物对环境造成危害的风险。

（4）适应性

适应性指产品适应外界环境的能力，外界环境包括自然环境和社会环境。企业在产品开发时应使产品能在较大范围的海拔、温度、湿度下使用。同样也应了解使用地的社会特点，如政治、宗教、风俗、习惯等因素。尊重当地人民的宗教文化，切忌触犯当地社会和消费者的风俗，引起不满和纠纷。

（5）经济性

经济性指产品对企业和顾客来说经济上都是合算的。对企业来说，产品的开发、生产、流通费用要低。对顾客来说，产品的购买价格和使用费用要低。经济性是产品市场竞争力的关键因素。经济性差的产品，即使其他质量特性再好也卖不出去。

（6）时间性

时间性指在数量上、时间上满足顾客的能力。顾客对产品的需要有明确的时间要求。许多食品的生命周期很短，只有敏感捕捉顾客需要，及时投入批量生产和占领市场的企业才能在市场上立足。对许多食品来说，时间就是经济效益，如早春上市的新茶、鲜活的海鲜等。

2. 服务质量特性

服务质量是指服务满足明确和隐含需要的能力的总和。"服务"既包括服务行业（交通运输、商业、饮食宾馆、仓储、法律等）提供的服务，也包括有形产品在售前、售中和售后的服务，以及企业内部上道工序对下道工序的服务。在后一种情况，无形产品伴生在有形产品的载体上。

服务质量的质量特性有功能性、经济性、安全性、时间性、舒适性和文明性六个方面。

（1）功能性

功能性指服务的产生和作用，如航空餐饮的功能就是使顾客在运输途中得到便利安全的食品。

（2）经济性

经济性为了得到服务，顾客支付费用的合理程度。

（3）安全性

安全性指供方在提供服务时保证顾客人身不受伤害、财产不受损失的程度。

（4）时间性

时间性指提供准时、省时服务的能力。餐饮外卖准时送达是非常重要的服务质量指标。

（5）舒适性

舒适性指服务对象在接受服务过程中感受到的舒适程度，舒适程度应与服务等级相适应，顾客应享受到他所要求等级的尽可能舒适的规范服务。

（6）文明性

文明性指顾客在接受服务过程中精神满足的程度，服务人员应礼貌待客，使顾客有宾至如归的感觉。

3. 过程质量特性

过程的定义是利用输入实现预期结果的相互关联或相互作用的一组活动。因此，过程质量就是整个活动过程的质量。质量的形成过程包括开发设计、制造、使用、服务四个子过程，因此，过程质量是指这四个子过程满足明确和隐含的能力的总和。保证每一个子过程的质量是保证全过程的质量的前提。

（1）开发设计过程

开发设计过程指从市场调研、产品构思、试验研制到完成设计的全过程。开发设计过程的质量是指所研制产品的质量符合市场需求的程度。因此，开发部门首先必须进行深入的市场调研，提出市场、质量、价格都合理的产品构思，并通过研制形成具体的产品固有质量。

（2）制造过程质量

制造过程质量指按产品实体质量符合设计质量的程度进行衡量。

（3）使用过程质量

使用过程质量指产品在使用过程中充分发挥其使用价值的程度。

（4）服务过程质量

服务过程质量指用户对供方提供的技术服务的满意程度。

4. 工作质量特性

工作质量是指与产品质量有关的工作对于产品质量的保证程度，即产品研制、生产、销售各阶段输入输出的正确性，尤其是产品规划和立项工作的前瞻性和正确性。工作质量就是部门、班组、个人对有形产品质量、服务质量、过程质量的保证程度。良好的工作质量取决于正确的经营、合理的组织、科学的管理、严格可行的制度和规范，操作人员的质量意识和知识技能等因素。因此，要保证产品的质量，必须首先抓好与产品质量有关的各项工作。

三、产品质量与食品质量

（一）产品质量构成及其特性

产品定义为：在组织和顾客之间未发生任何交易的情况下，组织能够产生的输出，可以简单地理解为"生产出来物品"。产品是用来满足人们需求欲望的物体或无形的载体。

1.产品质量的构成

产品质量从表现形式上由外观质量、内在质量和附加质量构成。外观质量指产品的外部形态，即通过感觉器官而能直接感受到的特性，食品的形状、规格、色泽、风味等。内在质量是指通过测试、实验手段而能反映出来的产品特性或性质，如食品的营养成分及其含量、食品的卫生等。附加质量指产品信誉、经济性和销售服务等。对不同类的产品，其外观质量、内在质量和附加质量三者各有侧重。产品的内在质量通过外观质量表现出来，并通过附加质量得到充分的实现。

产品质量指从形式环节上由设计质量、制造质量和市场质量构成。设计质量是指在生产过程之前，设计部门对产品品种、规格、造型、花色、质地、装潢、包装等方面的设计过程中形成的质量因素。制造质量是指在生产过程中形成的符合设计要求的质量因素。市场质量是指在整个流通过程中，对已在生产环节形成的质量的维护保证与附加的质量因素。设计质量是产品质量形成的前提条件，是产品形成的起点；制造质量是产品质量形成的主要方面，对产品质量的各种性质起着决定性作用；市场质量是产品质量实现的保证。

产品质量从有机组成上由自然质量、社会质量和经济质量构成。自然质量是产品的自然属性给产品带来的质量因素；产品的社会质量是产品的社会属性所要求的质量因素；产品的经济质量是产品消费时在投入方面须考虑到的因素。自然质量是构成产品质量的基础；社会质量是产品的社会属性所要求的质量因素；经济质量是产品消费时投入方面要考虑的因素。

2.产品质量特性

质量特性指产品、过程和体系与要求有关的固有特性。将"要求"转化为有指标的特性，作为评价检验和考核的依据。质量的固有特性以满足顾客及其他相关方所要求的能力加以表征，将产品、过程或体系与要求有关的固有特性称为实体的质量特性。产品质量特性包括以下几方面：

（1）产品的内在特性

产品的内在特性如产品的结构、物理特性、化学成分、可靠性、精度、纯度、安全性等。

（2）产品的外在特性

产品的外在特性如形状、外观、色泽、手感、口感、气味、包装等。

（3）经济特性

经济特性如成本、价格、使用维修费及其他方面的特性，如交货期、污染公害等。

（4）其他特性

其他特性包括安全、环境、美观等。

（二）食品的质量及其属性

食品质量与其他产品的区别在于，食品的使用性转化为食用性，而食用性只能体现一次，在食品生产运输销售过程中要保证食品的安全性。食品中质量的重要性体现在，食品质量问题不仅给消费者带来经济上的损失，而且还会带来生命危险。

I.食品质量特性

食品质量指食品满足消费者明确的或者隐含的需要的特性，即食品质量指食品的一组固有特性满足消费者需求的程度。食品质量指食品满足规定或潜在要求的特征和特性的总和，其反映食品品质的优劣。

食品质量的构成包括两类品质特性。顾客容易知晓的食品质量特性称为直观性品质特性，也称为感官质量特性，即色泽、风味、质地，也就是食品的色、香、味、形。顾客难于知晓的质量特性称为非直观性品质特性，如食品的安全、营养及功能特性。某种食品如在上述方面都能满足顾客的需求，就是一种高质量的食品。

2.食品的质量属性

食品的质量属性通常分为外在属性、内在属性和隐含属性三类。

（1）外在属性

外在质量属性与其外观有关，通过视觉和触觉可直接感受到，见到产品就可观察到的属性。外在属性通常在消费者选购农产品时起重要作用。如产品的气味，特别是有芳香性果蔬的气味是一个外在属性，与内在属性有一定关系。外在属性通常在消费者选购农产品时起重要作用。

（2）内在属性

内在质量属性与香气、滋味和感觉（例如，口感和韧性）有关，它们通过嗅觉、味觉和口腔感官感受到，一般在产品切开或品尝食用后才能感受到。内在属性被接受的水平常常影响消费者是否重复购买该产品。

（3）隐含属性

隐含属性包括营养价值和产品的安全性，对于大多数消费者难以辨别，但会影响消费者的产品接受性和区别不同食品。

四、质量管理

质量管理又称"品质管理"，指在质量方面指挥和控制组织的协调的活动。质量管理就是以保证或提高产品质量为目标的管理。质量管理是一个企业所有管理职能的一部分，其职能是负责确定并实施质量方针、目标和职责。

（一）质量管理的发展

按照质量管理所依据的手段和方式，质量管理的发展历程划分为三个阶段。

1. 质量检验阶段

20 世纪 50 年代以前，产品的质量主要通过百分之百检验的方式来控制和保证。质量检验阶段采用的是"检验法"，即指定专人负责产品检验。其经历了操作工人检验、工长检验和专职检验员检验三个阶段。质量管理产生于 19 世纪 70 年代，科学技术落后，生产力低下，普遍采用手工作坊进行生产，但没有形成科学理论。20 世纪初，提出了"科学管理"理论，形成了所谓的"工长的质量管理"。到了 20 世纪 30 年代，随着公司生产规模的扩大，对零件的互换性、标准化的要求也越来越高，使得工长已无力承担质量检查与质量管理的职责，因此，大多数企业都设置了专职检验人员和部门，并直属经理（或厂长）领导，负责全厂各生产部门的产品（零部件）质量检验与管理工作，形成了计划设计、执行操作、质量检查三方面都各有专人负责的职能管理体系，各部门的质量责任也得到严格的划分。检验工作是质量管理工作的主要内容，即依靠检验手段挑出不合格品，并对不合格品进行统计而已，管理的作用非常薄弱。

质量检查阶段的质量管理的主要手段是通过严格的检验程序来控制产品质量，并根据预定的质量标准对产品质量进行判断。质量管理阶段属于事后把关的管理方式，解决质量问题缺乏系统的观念，只注重结果，缺乏预防，一旦发现废品，一般很难补救。对成品进行 100% 的全数检验，对于检验批量大的产品，检验成本较高；对于破坏性检验，在一定条件下也是不允许的。

2. 统计质量控制阶段

统计质量管理阶段的主要特点是利用数理统计原理，预防不合格品的产生并检验产品的质量。质量职能在方式上由专职检验人员转移到质量控制工程师和技术人员承担，标志着质量管理由事后把关转变为事前预防、事先控制，预防和改进为主、防检结合，最大限度地减少不合格品的产生。但是，影响产品的质量因素非常多，单纯依靠统计方法不可能得到全面解决。

3. 全面质量管理阶段

20 世纪 60 年代至今，质量管理逐渐发展，1961 年美国通用电气公司质量经理费根堡出版了《全面质量管理》一书，质量管理进入全面质量管理阶段。所谓全面质量管理，是以质量为中心，以全员参与为基础，旨在通过顾客和所有相关方受益而达到长期成功的一种管理途径。良好的产品质量是设计、制造出来的，而不是检验出来的。全面质量管理不仅关注生产过程，还关注质量形成的所有环节，使生产全过程处于受控状态。

质量职能应由公司全体人员来承担，解决质量问题不能仅限于产品制造过程，质量管理应贯穿于产品质量产生、形成和实现的全过程，且解决质量问题的方法是多种多样的，不能仅限于检验和数理统计方法。

（二）全面质量管理

全面质量管理的核心是提高人的素质，调动人的积极性，人人做好本职工作，通过抓好工作质量来保证和提高产品质量或服务质量。全面质量管理以消费者为中心，使整个组织的质量行为不断地改进。

I. 全面质量管理的基本观点

（1）质量第一、以质量求生存

任何产品都必须达到所要求的质量水平，否则就没有或未完全实现其使用价值，给消费者和社会带来损失。从这个意义上讲，质量必须是第一位的。

贯彻"质量第一"就要求企业全体职工，尤其是领导层，要有强烈的质量意识。"质量第一"并非"质量至上"，不能脱离成本讲求质量，重视质量成本的分析，把质量与成本加以统一，确定最适宜的质量。

（2）系统的观点

产品质量的形成和发展过程包含了许多相互联系、相互制约的环节。保证和提高质量或解决产品质量问题，应把企业看成个开放系统，运用系统科学的原理和方法，对暴露出来的产品质量问题，进行全面诊断、辨证施治。

（3）"用户至上"

实行全面质量管理，一定要把用户的需要放在第一位。因而，企业必须保证产品质量能达到用户要求，把用户的要求看作产品质量的最高标准，以用户的要求为目标来制定企业的质量标准。"使用本企业产品的单位和个人就是用户"，就是说，企业不仅要生产优质产品，而且还要对产品质量负责到底、服务到家，实行"包修、包换、包退"制度，不仅要保质保量、物美价廉、按期交货，而且要做好产品使用过程中的技术服务工作，不断改善和提高产品质量。

在全面质量管理中，"用户"的概念是广泛的，它不仅仅指产品的购买者、使用者和社会，而且还认为企业内部生产过程中的每一个部门、每一个岗位也是用户。在全面质量管理中，提出了"下道工序就是用户"的指导思想。上道工序将下道工序作为用户，为下道工序提供合格品，为下道工序服务，下道工序对上道工序进行质量监督和质量信息的反馈。

（4）质量是设计、制造出来的，而不是检验出来的

在生产过程中，检验是重要的，可以起到不允许不合格品出厂的把关作用，同时还可以将检验信息反馈到有关部门。但影响产品质量好坏的真正原因并不在于检验，而主要在

于设计和制造。设计质量是先天性的，在设计时就已决定了质量的等级和水平，而制造只是实现设计质量，是符合性质量。因此，设计质量和制造质量都应重视。

（5）预防为主的观点

全面质量管理要求把管理工作的重点从"事后把关"转移到"事前预防"，把从管理产品质量的"结果"变为管理产品质量的影响"因素"，真正做到防检结合、以防为主，把不合格产品消灭在产品质量的形成过程中。在生产过程中，应采取各种措施把影响产品质量的有关因素控制起来，以形成一个能够稳定地生产优质产品的生产系统。

当然，实行全面质量管理以"预防为主"，为了保证产品质量，不让不合格品流入下道工序或出厂，质量检验工作不仅仅具有"把关"的作用，也有着"预防"的作用。

（6）数据是质量管理的根本，一切用数据说话

实行全面质量管理，尽可能使产品质量特性数据化，用事实和数据反映质量问题，科学地分析、控制质量波动规律，对产品质量的优劣做出准确的评价，从而进行有效的管理。

（7）经济的观点

全面质量管理强调质量，必须考虑质量的经济性，建立合理的经济界限。在产品设计制定质量的标准时，在生产过程进行质量控制时，在选择质量检验方式等场合，必须考虑其经济效益来加以确定。

（8）突出人的积极因素

全面质量管理阶段格外强调调动人的积极因素的重要性。现代化生产多为大规模系统，环节众多，联系密切复杂，单纯的质量检验或统计方法难以奏效，必须调动人的积极因素，加强质量意识，发挥人的主观能动性，确保产品和服务的质量。全面质量管理的特点之一，就是全体人员参加的管理，"质量第一，人人有责"。

2.全面质量管理的要求

全面质量管理具有"三全一多"的特点，即全过程的质量管理、全员的质量管理、全企业的质量管理和多方法的质量管理。

（1）全过程的质量管理

体现以预防为主、不断改进的思想和为顾客服务的思想。把满足消费者或用户需要放在第一位，运用以数理统计方法为主的现代综合管理手段和方法，防检结合，以防为主，重在分析各种因素对商品质量的影响。全过程的质量管理包括了市场调研、产品的设计开发、生产、销售、服务等全部有关过程的质量管理。

（2）全员的质量管理

做好全员的教育、培训；要制定各部门、各类人员的质量责任制度，落实责、权、利；要开展多种形式的群众性质量管理活动，依靠与商品使用价值形成和实现有关的所有部门和人员来参与质量管理，实行严格标准化；不仅贯彻成套技术的标准，而且要求管理业务、管理技术、管理方法的标准化。

（3）全企业的质量管理

保证和提高产品质量必须使企业的产品研制、质量改进和维持的所有活动构成一个有效的整体。企业全面质量管理包括生产的产品自身的特有属性，也包括产品形成过程中起关键作用的工序质量和保证产品质量的工作质量。不仅要保证产品质量，还要做到成本低廉、供货及时、服务周到等。要求追求价值和使用价值的统一、质量和效益的统一，用经济手段生产用户满意的产品。

（4）多方法的质量管理

随着现代科学技术的发展，对产品质量和服务质量提出了越来越高的要求，影响产品质量和服务质量的因素也越来越复杂：既有物质的因素，又有人的因素；既有技术的因素，又有管理的因素；既有企业内部的因素，又有企业外部的因素。要把这一系列的因素系统地控制起来，全面管好，就必须根据不同情况，区别不同的影响因素，广泛、灵活地运用多种多样的现代化管理方法来解决当代质量问题。其中要特别注意运用统计方法和统计思考方法。

（三）质量管理方法

I.PDCA 循环（戴明环）

PDCA 循环是由美国质量管理专家 William.Edwards.Deming 提出来的，又称为"戴明环"。PDCA 循环是一个质量持续改进模型，反映了质量改进和完成各项工作必须经过的四个阶段，即计划（plan）、实施（do）、检查（check）、处置（act），见图 1-1。

图 1-1　PDCA 循环图

（1）PDCA 循环的四个阶段

①计划阶段

这一阶段包括四个步骤：一是分析情况，找出主要质量问题；二是分析产生质量问题的各种影响因素；三是找出影响质量的主要因素；四是针对影响质量的主要因素制定措施，提出改进计划，定出质量目标。

②实施阶段

根据制订的计划按部就班地加以实施。

③检查阶段

检查实施的结果，比较是否达到计划的预期效果。

④处置阶段

根据检查结果总结经验，纳入标准、制度和规定。

（2）PDCA 循环的 8 个步骤

PDCA 循环解决质量问题的 8 个步骤：找问题、找原因、找要因、制订计划、执行、检查、总结经验、处置。即分析现状，找出问题；分析产生问题的原因；要因确认；拟定措施、制订计划；执行措施、执行计划；检查验证、评估效果；成功的经验标准化，巩固成绩；失败的教训加以总结，处理遗留问题。

（3）PDCA 循环的特点

PDCA 循环的四个阶段的工作完整统一、缺一不可，小环促大环，阶梯式上升，循环前进。

①周而复始

一个循环结束了，解决了一部分问题，可能还有问题没有解决，或者又出现了新的问题，将未解决的问题放到下一轮 PDCA 循环中去继续解决，又进入下一个循环，这四个阶段不断循环下去，使质量不断改进。

②大环套小环

企业每个部门、车间、工段、班组，直至个人的工作，均有一个 PDCA 循环，这样一层一层地解决问题，而且大环套小环，一环扣一环，小环保大环，推动大循环。PDCA 循环的转动是全员推动的结果。

③阶梯式上升

PDCA 循环不是在同一水平上循环，每循环一次，就解决一部分问题，取得一部分成果，工作就前进一步，水平就提高一步。PDCA 每循环一次，质量水平和管理水平均提高一步。

④科学管理方法的综合应用

PDCA 循环是以 QC 工具为主的统计处理方法在质量管理中的运用。

2. 朱兰质量螺旋模型

（1）产品质量形成的全过程

产品质量形成的全过程包括市场研究、产品计划、设计、制定产品规格、制定工艺、采购、仪器仪表配置、生产、工序控制、检验、测试、销售、售后服务等环节。这些环节按逻辑顺序串联，构成一个系统，见图 1-2。系统运转的质量取决于每个环节运作的质量和环节之间的协调程度。

（2）产品质量的提高和发展的过程是一个循环往复的过程

产品质量形成的各个环节构成一轮循环，经过一轮循环往复，产品质量就提高一步。这种循环上升的过程叫作"朱兰质量螺旋"。

（3）产品质量的形成过程中，人是最重要、最具有能动性的因素

人的质量以及对人的管理是过程质量和工作质量的基本保证。因此，质量管理不是以物为主体的管理，而是以人为主体的管理。人是产品质量形成过程中最重要、最具能动性的因素。

（4）质量系统是一个与外部环境保持密切联系的开放系统

质量系统在市场研究、原材料采购、销售、采后服务等环节与社会保持紧密的联系。因此，质量管理是一项社会系统工程，企业内部的质量管理离不开社会各方面的积极和消极的影响。

朱兰质量螺旋模型可进一步概括为三个管理步骤：质量计划、质量控制和质量改进，也称朱兰三部曲，见图1-2所示。

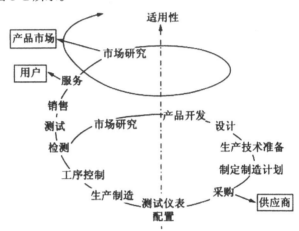

图1-2　朱兰质量螺旋模型

（1）质量计划

在前期工作的基础上制定战略目标、中长远规划、年度计划、新产品开发和研制计划、质量保证计划、资源的组织和资金筹措等。

（2）质量控制

根据质量计划制定有计划、有组织、可操作性的质量控制标准、技术手段、方法，保证产品和服务符合质量要求。

（3）质量改进

不断了解市场需求，发现问题及其成因，克服不良因素，提高产品质量的过程。质量的改进使组织和顾客都得到更多收益。质量改进依赖于体系整体素质和管理水平的不断提高。

3.桑德霍姆质量循环模型

瑞典质量管理学家桑德霍姆提出质量循环图模式，如图1-3。与朱兰质量螺旋相比，桑德霍姆质量循环模型更强调企业内部的质量管理体系与外部环境的联系，特别是和原材

料供应单位及用户的关系。食品质量管理与原材料供应和用户（如超市）的质量管理关系极大，因此一些从事食品质量管理的工作人员比较倾向于应用桑德霍姆质量循环模型来解释食品质量的形成规律。

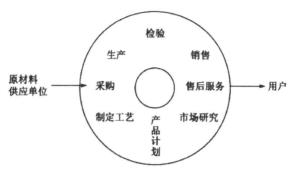

图1-3 桑德霍姆的质量循环图

五、企业的质量管理

企业质量管理是在生产全过程中对质量职能和活动进行管理，包括质量管理的基础工作、产品质量形成过程的质量管理和质量管理的方法。

（一）企业质量管理的基础工作

企业质量管理必须有长远的规划、统一的领导、健全的组织、强有力的资源和技术支撑。质量管理基础工作包括建立质量责任制、开展标准化工作、质量培训工作、计量管理工作、质量信息管理工作等。

1.建立质量责任制

企业质量责任制是明确规定各部门或个人在质量管理中的质量职能及承担的任务、责任和权力。

第一步，企业最高行政管理将质量体系各要素所包含的质量活动分配到各部门，各部门制定各自的质量职责并对相关部门提出质量要求，经协调后明确部门的质量职能。

第二步，部门将质量任务、责任分配到每个员工，做到人人有明确的任务和职责，事事有人负责。

建立企业质量责任制是一个长期的工作，经过一定时间的磨合，才能形成覆盖全面、层次分明、脉络清楚、职责分明的健全的责任制。

2.开展标准化工作

企业的标准化工作是以提高企业经济效益为中心，以生产、技术、经营、管理的全过程为内容，以制定和贯彻标准为手段的活动。企业标准必须具有科学性、权威性、广泛性、明确性，并以文件形式固定下来。企业应尽量采用或部分采用国际标准或国家标准；企业组织制定企业标准时，应在反复试验的基础上，按标准化的原理、程序和方法，用标准的形式把原材料、设备、工具、工艺、方法等重复性事物统一起来，作为指导企业活动的依据。企业应将企业标准报质量管理部门审查。一经报备，此标准即为该企业质量管理的最高准则，在企业生产经营活动的各个环节中严格执行。

3. 开展质量培训工作

质量培训工作是对全员职工进行质量意识、质量管理基本知识以及专门技术和技能的教育。企业应设置分管机构，制定必要的质量管理制度、工作程序和教育培训计划，有专职师资队伍或委托高等院校教师定期和不定期地开展教育培训工作，并建立员工的教育培训档案。

4. 开展计量管理工作

计量工作是保证量值统一准确的一项重要的技术工作。在质量管理的每个环节都离不开计量工作。没有计量工作，定量分析和质量考核验证就没有依据。企业应设置与生产规模相适应的专职机构，制定计量器具鉴定和管理制度，配置计量管理、检定、技术人员，建立计量人员岗位责任制。计量器具应妥善保管使用，定期检定。计量单位应采用统一的国际单位制（SI）。

5. 开展质量信息管理工作

质量信息管理是企业质量管理的重要组成部分，主要工作是对质量信息进行收集、整理、分析、反馈、存贮。企业应建立与其生产规模相适应的专职机构，配备专职人员，配备数字化信息管理设备，建立企业的质量信息系统（QIS）。质量信息主要包括：质量体系文件、设计质量信息、采购质量信息、工序信息、产品验证信息、市场质量信息等。

（二）产品质量形成过程的质量管理

按照朱兰的质量螺旋模型，产品质量形成过程可归纳为以下四个阶段：可行性论证和决策阶段、产品开发设计阶段、生产制造阶段、产品销售和使用阶段。必须明确每个阶段质量控制的基本任务和主要环节。

1. 可行性论证和决策阶段的质量管理

在新产品开发以前，产品开发部门必须做好市场调研工作，广泛收集市场信息（需求信息、同类产品信息、市场竞争信息、市场环境信息、国际市场信息等），深入进行市场调查，认真分析国家和地方的产业政策、产品技术、产品质量、产品价格等因素及其相互关系，形成产品开发建议书，包括开发目的、市场调查、市场预测、技术分析、产品构思、预计规模、销售对象、经济效益分析等，供决策机构决策，开发部门提供的信息应全面、系统、客观、有远见、有事实依据和旁证材料、有评价和分析。高层决策机构应召集有关技术、管理、营销人员对产品开发建议书进行讨论，按科学程序做出决策，提出意见。决策部门确定了开发意向以后，可责令开发部门补充完整，形成可行性论证报告。

2. 产品开发设计阶段的质量管理

整个产品设计开发阶段包括设计阶段（初步设计、技术设计、工作图设计）、试制阶段（产品试制、试制产品鉴定）、改进设计阶段、小批试制阶段（小批生产试验、小批样鉴定、试销售）、批量生产阶段（产品定型、批量生产）、使用阶段（销售和用户服务）。

开发部门应根据新产品开发任务书制订开发设计质量计划，明确开发设计的质量目标，严格按工作程序开展工作和管理，明确质量工作环节，严格进行设计评审，及时发现问题和改正设计中存在的缺陷。同时应加强开发设计过程的质量信息管理，积累基础性资料。

开发设计评审是控制开发设计质量的作业活动，是重要的早期报警措施。评审内容包括设计是否满足质量要求，是否贯彻执行有关法规标准，并与同类产品的质量进行比较。

产品开发设计阶段质量管理的任务是把产品的概念质量转化为规范质量，即通过设计、试制、小批试制、批量生产、使用，把设计中形成技术文件的功能参数定型为规范质量。

3. 生产制造阶段的质量管理

生产制造阶段是指从原材料进厂到形成最终产品的整个过程，生产制造阶段包括工艺准备和加工制造两个内容，是质量形成的核心和关键。工艺准备是根据产品开发设计成果和预期的生产规模，确定生产工艺路线、流程、方法、设备、仪器、辅助设备、工具，培训操作人员和检验人员，初步核算工时定额和材料消耗定额、能源消耗定额，制定质量记录表格、质量控制文件与质量检验规范。

加工制造过程中生产部门必须贯彻和完善质量控制计划，确定关键工序、部位和环节，严肃工艺纪律；做好物资供应和设备保障；设置工序质量控制点，建立工序质量文件，加强质量信息沟通；落实检验制度；加强考核评比。此阶段质量管理的主要环节是制订生产质量控制计划、工序能力验证、采购质量控制、售后服务质量管理。

4. 产品销售和使用阶段的质量管理

产品销售和使用阶段是指从成品验收合格出厂至消费者使用而实现商品价值的过程，包括产品运输、销售和使用等阶段。

运输阶段根据产品的特性选择运输工具、容器和设备，并选择最佳运输路线。销售阶段注意仓储的温度、湿度、光照等条件，以先进先出为原则；销售时如实记录产品名称、产地、生产者、联系方式，并保存记录。使用时按规定的方法和程序进行操作，定期维护保养。

（三）企业质量管理的方法

1. 质量管理（QC）小组活动

QC 小组最早起源于日本，20 世纪 70 年代引入我国。质量管理小组是企业员工自愿结合或行政组合的开展质量管理活动的组织形式，是企业推进质量管理的基础的支柱之一。通过这种组织形式可以提高企业员工的素质，提高企业的管理水平，提高产品质量，提高企业的经济效益。

质量管理小组应有工人、技术人员、管理人员参加，每小组 3 ~ 10 人为宜，按部门或跨相邻部门组建，定时开展质量、关键工序的质量控制活动或组织攻克技术难关活动。

2. 质量目标管理

质量目标管理是企业管理者和员工共同努力，通过自我管理的形式，为实现由管理者和员工共同参与制定的质量总目标的一种管理制度和形式。开展质量目标管理有利于提高企业包括管理者在内的各类人员的主人翁意识和自我管理、自我约束的积极性，提高企业的质量管理水平和总体素质，提高企业的经济效益。

第二节　食品安全与安全管理

食品质量安全状况是一个国家经济发展水平和人民生活质量的重要标志。食品安全，一是保障食物的供应方面的安全，即从数量的角度，要使人们既能买得到，又买得起所需要的食品；二是食品质量对人体健康方面的安全，即从质量的角度，要求食品的营养全面、结构合理、卫生健康。食品安全问题在任何时候都是各国特别是发展中国家所需要解决的首要问题。

一、食品安全的特性

食品安全的含义有三个层次，包括食品数量安全、食品质量安全和食品可持续安全。食品数量安全是指一个国家或地区能够生产满足国民基本生存所需的膳食需要，从数量上反映居民食品消费需求的能力，人们既能买得到又能买得起生存、生活所需要的基本食品。以发展生存、保障供给为特征，强调食品安全是人类的基本生存权利。

食品质量安全是指提供的食品在营养、卫生方面满足和保障人群的健康需要，最低要求是不给人类带来任何损害和不利隐患。食品质量安全主要包括营养安全和卫生安全，涉及食物的污染、是否有毒，添加剂是否违规超标、标签是否规范等问题。

食品可持续安全是从发展角度要求食品的获取需要注重生态环境的良好保护和资源利用的可持续性。

（一）食品安全的绝对性和相对性

绝对安全性指确保不可能因食用某种食品而危及健康或造成伤害，也就是食品应绝对没有风险。相对安全性是指一种食物或成分在合理食用方式和正常食用量的情况下，不会导致对人体健康造成损害。由于客观上人类的任何一种饮食消费都是存在风险的，绝对安全或零风险是很难达到的，因此大多数情况下食品安全具有相对意义，是食品质量状况对食用者健康、安全的保证程度，即对食品按其原定用途进行使用是不会使消费者受到损害的一种担保。

食品安全的绝对性和相对性反映了消费者、生产者和管理者，在食品安全性认识角度上的差异。消费者要求生产者、管理者提供没有风险的食品，而把发生的不安全食品归因于生产、技术和管理的不当。生产者和管理者则从食品组成及食品科技的现实出发，认为食品安全性并不是零风险，而应在提供最丰富的营养和最佳品质的同时，力求把风险降到最低限度。这两种不同的认识，既是对立的，又是统一的，是人类从需要和可能、现实与长远的不同侧面对食品安全性认识逐渐发展与深化的表现。

食品安全性是一种科学的概念，是客观的，可以用具体指标加以测定和评价。强调食品中不应含有可能损害或威胁人体健康的有毒、有害物质或因素，避免导致消费者患急性或慢性毒害感染疾病，或产生危及消费者及其后代健康的隐患。

（二）食品安全的时代性与动态性

食品安全具有时代性与动态性，与社会发展密切相关，不同国家以及不同发展时期食品安全所面临的突出问题有所不同，其安全的标准也有不同。例如，当前在发达国家食品安全所关注的，主要是因科学技术发展所引发的转基因食品、环境污染对人体健康的影响等；而在发展中国家，食品安全所侧重的则是市场经济发育不成熟所引发的假冒伪劣、含有毒有害物质食品的非法生产经营等问题。

二、食品安全的现代问题

随着饮食水平、健康水平的提高和科学技术的进步，人类食物链环节增多和食物结构复杂化，增添了饮食风险和不确定因素，人们更加重视食品的安全性问题。社会公众从以下 5 个方面来评价食品的安全性。

（一）营养成分

为食用者提供必要的营养。食品的用途之一就是为食用者提供必要的营养，但食品提供的营养成分过剩或缺失，都会造成对人体的营养性危害，特别是对特定人群危害更大。

（二）天然成分

天然成分指食品天然自带、生长产生、贮存生成的某些物质。如河豚鱼体内的神经毒素，只有通过特殊的烹饪加工制作才能消除体内的毒性，玉米在贮藏不当时产生黄曲霉毒素，等等。

（三）微生物污染

食品是微生物生长的良好培养基。食品的腐败变质、食物中毒和食源性疾病绝大多数都是由微生物引起的。

（四）食品添加剂

国家允许的，实行限用；国家禁用的，不得添加使用。

（五）化学成分

化学成分指食物中含有有毒、有害化学物质，包括直接加入的和间接带入的。化学物质达到一定水平可引起急性中毒。

综上所述，食品安全是指食品既无危害又无危险，既不存在对人体有害的因素，也不造成对人体有害的近期或远期影响，兼具食品营养和安全要求，才是真正意义上的食品安全。

三、卫生与食品卫生

（一）卫生

卫生是指社会和个人为增进人体健康、预防疾病，改善和创造合乎生理、心理需求的生产环境、生活条件所采取的措施。狭义的卫生强调干净、避免细菌污染、预防疾病、促进健康等方面的要求。食品卫生主要是食品干净、未被细菌污染、不使人致病。

卫生活动可以在瞬时环境杀死或除去致病细菌，直接有助于疾病预防与疾病隔离。也就是说，如果你是健康的，良好的卫生有助于避免疾病；如果你患有某种疾病，良好卫生习惯可以减少你对其他人的传染。清洗是最常见的卫生活动，通常使用肥皂或洗涤剂来去掉污渍，或分解污渍以便清洗。卫生通常特指干净，良好卫生状态的外在标志是不存在看得见的脏污和恶臭气味。

（二）食品卫生

世界卫生组织（WHO）对食品卫生的定义：在食品链中，为保证食品的安全性和适宜性所必备的一切条件和措施。在食品的培育、生产、制造直至被人摄食为止的各个阶段中，为保证其安全性、有益性和完好性而采取的全部措施。

《食品工业基本术语》对食品卫生的定义：为防止食品在生产、收获、加工、运输、贮藏、销售等各环节被有害物质（包括物理、化学、微生物等方面）污染，使食品质地良好，有益于人体健康所采取的措施。对于食品工业来说，卫生的意义是创造和维持一个卫生且有益于健康的生产环境和生产条件。食品卫生不仅指食品本身的卫生，还包括生产经营过程中有关的卫生问题，如添加剂、容器、包装材料和所用工具、设备等。

食品卫生是为防止食品污染和有害因素危害人体健康而采取的综合措施。食品卫生是公共卫生的组成部分，也是食品科学的内容之一。因食品的营养素不足或过量以及因消化吸收关系而引起人体的健康障碍等，属于食品营养的问题，不属于食品卫生研究的范畴。

四、食品质量与食品安全

食品质量是反映食品满足感官、营养和安全明确需要的和隐含需要的能力的特性之总和。食品质量包括食品感官质量、营养质量和安全质量。食品安全质量是食品质量的核心。

食品质量和安全管理是质量管理的理论、技术和方法在食品加工和贮藏工程中的应用。食品质量和安全管理就是为了保证和提高食品生产的产品的质量或工程质量所进行的调查、计划、组织、协调、控制、检查、处理及信息反馈等各项活动的总称，它是食品工业企业管理的中心环节。食品质量和安全管理是一种被广泛认可的科学有效的管理方法，它具有全面性、系统性、长期性和科学性的特点。

（一）食品质量和安全管理在空间和时间上具有广泛性

食品质量和安全管理在空间上包括田间、原料运输车辆、原料贮存车间、生产车间、成品贮存库房、运载车辆、超市或商店、冰箱、再加工、餐桌等环节的各种环境。在时间上食品质量和安全管理包括三个主要的时间段：原料生产阶段、加工阶段、消费阶段。其中原料生产阶段时间特别长。人们对加工期间的原料、在制品和产品的质量和安全管理和控制能力较强，而对原料生产阶段和消费阶段的质量及安全管理及控制能力往往鞭长莫及。

（二）食品质量和安全管理的对象具有复杂性

食品原料包括植物、动物、微生物等。许多原料在采收以后必须进行预处理、贮存和加工，稍有延误就会变质或丧失加工和食用价值。而且原料大多为具有生命机能的生物体，必须控制在适当的温度、气体分压、pH 值等环境条件下，才能保持其鲜活的状态和可利用的状态。食品原料还受产地、品种、季节、采收期、生产条件、环境条件的影响，这些因子会很大程度上改变原料的化学组成、风味、质地、结构，进而改变原料的质量和利用程度，最后影响到产品的质量。因此，食品质量管理对象的复杂性增加了食品质量管理的难度，需要随原料的变化不断调整工艺参数，才能保证产品质量的一致性。

（三）在有形产品质量特性中安全性必须放在首位

食品的质量特性同样包括功能性、可信性、安全性、适应性、经济性和时间性等主要特性，但其中安全性始终放在首要考虑的位置。一个食品其他质量特性再好，只要安全性不过关则丧失了作为产品和商品存在的价值。

（四）在食品质量和安全监测控制方面存在着相当的难度

质量和安全检测控制常采用物理、化学和生物学测量方法。食品的质量检测则包括化学成分、风味成分、质地、卫生等方面的检测。感官指标和物性指标的检测往往要借用评审小组或专门仪器来完成。食品卫生的常规检验一般采用细菌总数、大肠菌群、致病菌作为指标。

（五）食品质量和安全管理对产品功能性和适用性有特性要求

食品的功能性除了内在性能、外在性能以外，还有潜在的文化性能。文化性能包括民族、宗教、文化、历史、风俗等特性。因此，在食品质量管理上还要严格尊重和遵循有关法律、道德规范、风俗习惯的规定，不得擅自做更改。许多食品适应于一般人群，但也有部分食品仅仅针对一部分特殊人群，如婴幼儿食品、孕妇食品、老年食品、运动食品等。

五、食品安全与食品卫生

世界卫生组织（WHO）对食品卫生的概念是指为确保食品在食品链的各个阶段具有安全性与适宜性的所有条件与措施。食品安全是食品卫生的目的，食品卫生是实现食品安全的措施和手段，反映了食品安全与食品卫生之间的关系是目的与手段之间的关系。食品卫生还不能确保食品安全，食品安全包含了比食品卫生更广阔的含义。

食品卫生具有食品安全的基本特征。食品安全是结果安全和过程安全的完整统一；食品卫生侧重于过程安全，包括环境安全的过程安全和无毒无害、符合营养要求等的结果安全。食品安全包括食品的种植、养殖、加工、包装、贮藏、运输、销售、消费等环节的安全；食品卫生通常不包括种植养殖环节的安全。

（一）食品安全强调食品标签的真实、全面、准确

科学、规范、真实的食品标签对于食品安全具有重要的作用，食品标签内容的错标、虚标、漏标都有可能引起十分严重的后果。标签是说明商品的特征和性能的主要载体，是食品的身份证明，它通过标示食品名称、配料、净含量、原产地、营养成分、厂商（包括生产商、经销商）名称及地址、批次标识、日期标示（包括生产日期、保质期或最佳食用日期）、贮藏条件、食用方法、警示内容等有效信息，来引导消费并监督生产销售。食品

标签的内容是厂商对消费的一种承诺，不得以虚假的、使人误解的或欺骗性的方式介绍食品，也不能使用容易误导消费者的方式进行标示。食品标签有助于消费者检查食品质量，便于消费者投诉和政府部门监督检查，在食品出现问题时还有助于通告消费者停止食用以及有助于实现食品追溯制度和食品召回制度。

不符合法规要求的标签会导致各种食品安全问题，但未必会导致食品卫生问题，因为可能存在标签不合格但却符合卫生标准的食品。例如：符合卫生标准的食品，将含有糖分的食品标注为无糖食品，可能就会给糖尿病患者带来危险；将碘含量较低的食品标注较高的碘含量，在碘缺乏症比较突出的地区很可能导致安全问题；虚假标示了蛋白质、维生素、矿物质等的含量可能导致特定人群的安全问题。另外，对于尚未确定的是否对人体有害的食品，例如转基因食品，食品安全要求对此必须真实标示。

（二）食品安全强调食品认证与商标管理

在食品认证与商标管理方面，假冒驰名商标、认证标志、原产地证明的食品可能符合卫生条件，可能对人体无毒无害，但这类食品危害食品的信用制度，侵害消费者的知情权，必然导致伪劣商品盛行，危害食品安全。因此，对于以次充好、假冒的食品，法律上都认定其不符合食品安全标准，而不管其实际上是否符合卫生条件，是否能实际对人体构成危害。

（三）食品安全重视食品食用方法的特殊要求

食品安全还存在个体差异性。卫生的食品，对于一般人来讲是食用安全的，对另一部分人来讲就是不安全的。例如，食品中过敏原的问题。因此，对于可能引起过敏的食品，必须进行明确标注。

（四）食品安全关注个体的差异性

食品安全还要求有正确的食用方法，例如，我国曾发生多起因吸食果冻而导致儿童窒息死亡的事件。标注正确的食用方法，也是食品安全的要求，食品卫生一般不具有此种含义。

（五）食品安全与食品卫生在公共管理方面的差异

在食品安全公共管理中，食品安全是强调从农田到餐桌的全过程预防和控制，强调综合性预防和控制的观念。而食品卫生强调食品加工操作环节或餐饮环节为特征，主要以结果检测为衡量标准。食品安全的全过程预防和控制的理念落实在食品链的各环节之中。在产地环境管理中，公共管理机构可以采取措施禁止在受到严重污染、不适宜种植食用农产品的产地环境种植食用农产品。在农业投入品管理中，可以采取措施在生产过程中禁止高残留、剧毒农药的使用。在动物疫病防治方面，禁止高危害饲料及饲料添加剂、兽药的使用，并可以按照禁药期、停药期的要求规范兽药的使用，可以将患有动物疫病的食源性动物在屠宰前进行无害化处理；在食品生产加工管理方面，可以实施 GMP、HACCP 等管理方法来消除非食品原料、化学非法添加物的存在。在食品安全流通领域，需要通过进货验收、出货台账、索证索票制度，确保流通领域食品安全管理。食品安全的全过程预防和控制的理念要求采取措施实现全程追溯制度、产品召回制度等。一方面可以迅速切断不安全食品的供应链，召回此类产品；另一方面还可以追究食品生产经营者的责任，强化对食品生产经营者的监督。

食品卫生强调的是结果检测，预防性没有食品安全明确。食品卫生的要求是在食用农产品种植出来以后，在染疫动物被屠宰以后，通过检测的方法判定是否存在农药、兽药、有害重金属超标的问题，是否存在动物疫病等问题，并对存在问题的产品采取措施进行控制。而对于生产过程中存在问题的产品，未经检测的大量产品却无法控制。

食品卫生不具备综合性预防和控制的理念。依据食品安全的综合性预防和控制的理念，食品安全管理采取风险分析方法进行食品安全监测，实行食品生产许可制度，坚持科学民主法制的原则，强调食品安全信用，加强食品安全宣传教育等综合性手段，来实现食品安全的目的。

六、食品安全管理

食品安全管理体系分为食品安全管理监管体系、食品安全支持体系和食品安全过程控制体系。食品安全监管体系包括机构设置、明确责任等。食品安全支持体系包括食品安全法律法规体系、安全标准体系、认证体系、检验检测体系、信息交流和服务体系、科技支持体系及突发应急反应机制等。食品安全过程控制体系包括农业良好生产规范（GAP）、加工良好生产规范（GMP）、关键点控制 HACCP 体系等。

食品安全质量体系也可分为食品安全质量管理体系（或者称为食品安全监管体系）和食品安全质量保证体系。食品安全质量保证体系又可以细分为食品安全支持体系（如法律法规）和食品安全过程控制体系（如 GAP、GMP、HACCP 等）。

（一）食品安全管理体系的作用

食品安全管理体系作为一种食品安全保障模式，具有如下的作用：①食品安全管理体系是一种结构严谨的控制体系，它能够及时地识别出可能发生的危害（包括生物、化学和物理危害），并且是建立在科学基础上的预防性措施；②食品安全管理体系是保证生产安全食品最有效、最经济的方法；③食品安全管理体系能通过预测潜在的危害，以及提出控制措施使新工艺和新设备的设计与制造更加容易和可靠，有利于食品企业的发展与改革；④食品安全管理体系为食品生产企业和政府监督管理机构，提供了一种最理想的食品安全监测和控制方法，使食品质量管理与监督管理体系更完善、管理过程更科学；⑤食品安全管理体系已经被政府监督管理机构、媒介和消费者公认为目前最有效的食品安全控制体系，可以增加人们对产品的信心，提高产品在消费者中的置信度，保证食品工业和商业的稳定性；⑥食品在外贸上重视食品安全管理体系审核可减少对成品实施烦琐的检验程序。

（二）食品安全保障体系

食品安全质量水平受多种因素制约，不仅受整个生产流通环节的影响，还受社会经济发展、科学技术进步和人们生活水平的影响，因此保障食品安全需要一个完整的食品安全保障体系。食品安全保障体系包括六个方面：食品安全行政管理体系、食品法律法规体系、食品标准体系、食品认证体系、食品检测体系、食品生产质量管理体系。

1. 食品安全行政管理体系

食品安全行政管理体系是指国家行政主体依据法定职权通过法律法规对食品生产、流通进行有效监督管理的一整套管理机制。现代食品安全行政管理体系在横向管理上以各种法律法规健全、组织执行机构配套、政府和企业建立预防性管理体系为特征；在纵向实施从田头到餐桌全过程管理；在管理手段上强调制度与行政手段的结合。

从食品监管体制的发展趋势看，趋向于逐步建立统一管理、协调、高效运作的架构，强调从"农田到餐桌"食品生产链的全过程食品安全质量监控，形成政府、企业、科研机构、消费者共同参与的监管模式；在管理手段上，逐步采用"风险分析"作为食品安全质量监管的基本模式。

2. 食品法律法规体系

一个有效的食品质量保障体系应该以清楚、合理、科学的国家食品法律体系为基础，法律法规体系是世界各国提升食品安全质量水平的根本保障，是食品质量监管顺利推行的基础。只有建立了健全的法律体系，才能为国家开展食品执法监督管理提供依据。食品法规体系应涵盖所有食品类别和食品生产链的各个环节。

世界各国食品安全立法大致分为两类：一类是在一些综合性法律中通过对农产品及食品、农业投入品、包装和标签的调整从而直接或间接地涉及对食品安全的调整；另一类就是在单一性法律中专门就某一种类或某一环节的食品质量安全问题做出规定。各项立法互相配合而又各有侧重，形成比较严密的食品安全管理法规体系。

3. 食品标准体系

食品标准是食品行业中的技术规范，从多方面规定了食品的技术要求和品质要求，是食品生产、检验和评定的依据，是企业进行科学管理的基础和食品质量的保证，同时也是食品监管机构进行监督管理的依据。食品标准涉及食品从农田到餐桌的各个环节，包括食品原辅料及产品的品质要求、生产操作规范以及质量管理等内容。

4. 食品质量认证体系

质量认证是国际上通行的管理产品质量的有效方法。对食品质量进行认证，可促使食品生产企业完善质量管理体系，生产出高质量的产品。同时，通过严格的检验和检查，为符合要求的产品出具权威证书，可减少重复检验和评审，降低成本，提高产品知名度，符合市场经济的法则，是促进贸易的有效手段。

5. 食品检测体系

食品检测体系是食品质量管理的基础，只有通过食品检测，才能掌握食品质量信息，在各个环节对食品质量进行有效的监控和管理。

食品检测体系一般由企业自检体系、民间检测机构和政府监管机构构成。

6. 食品生产质量管理体系

企业为了实施质量管理，生产出满足规定和潜在要求的产品和提供满意的服务，实现企业的质量目标，必须通过建立、健全和实施食品生产质量管理体系（简称质量体系）来实现。质量体系是一个组织落实有物质保障和有具体工作内容的有机整体。

（三）食品安全控制体系的组织方式

为保障食品安全，世界各国都建立了针对本国实际情况的食品安全控制体系，但各国食品安全控制体系在法规设立、管理方式、监控机制等方面都有差异。总体而言，发达国家的食品安全控制体系主要有两种类型：一类是以欧盟、加拿大和澳大利亚为代表，为控制风险，将食品安全管理部门统一到一个独立的食品安全机构，由这一机构对食品的生产、流通和消费全过程进行统一监管；另一类是以美国和日本为代表，通过较为明确的管理主体分工来实现对食品安全进行监管。

食品安全控制体系包括三种方式：建立在多部门基础上的食品控制体系，即多部门体系；建立在一元化的单一部门负责基础上的食品控制体系，即单一部门体系；建立在国家综合方法基础上的体系，即统一综合体系。

1. 由多个职能部门共同负责多部门体系

食品安全控制体系的目标除保障食品安全外，还有一个经济目标，即建立一套可持续的食品生产和加工系统。因为各行业的初始分工不同，故各行业的食品控制行为也不同，逐渐形成了由多个部门对食品控制负责的多部门体系。在多部门食品控制体系下，虽然每一个部门的作用和责任都有明确规定，但有时会不可避免地导致诸多问题。

2. 成立专门的食品安全监督机构单一部门体系

单一部门体系就是将食品安全控制建立在一元化的单一部门负责基础上的控制体系。将公众健康和食品安全的所有职责全部归到一个具有明确职责的食品控制体系中是相当有益的。其优点主要体现在以下几方面：可以统一实施保护措施；能够快速地对消费者实时保护；能提高成本效益并能更有效地利用资源和专业知识；使食品标准一体化；拥有应对紧急情况的快速反应能力，以及满足国内和国际市场需求的能力；可以提供更加先进和有效的服务，有助于企业促进食品贸易活动。

单一部门体系的建立需要较长准备时间，而且对各国行政体制冲击较大，因而目前很少有国家真正实施。

3.国家的统一综合体系

统一综合体系是指建立在国家综合方法基础上的食品控制体系。此种体系是前述多部门体系和单一部门体系的结合，各种具体的食品控制活动仍由不同的部门负责，但在国家层面上这些不同的食品安全控制管理部门则由一个相对独立的权威机构统一负责协调。

统一综合的食品控制体系认为，从农田到餐桌食品链上多种机构有效合作的愿望和决心是正当的，典型的统一综合体系应在四个层次上开展合作，分别是：风险评估及管理，制定标准和政策；食品控制活动，管理和审核的合作；检验和执行；教育和培训。前两个层次由国家级食品控制机构负责，后两个层次由多个具体职能部门负责。

统一综合体系优势在于：能使国家级食品控制体系具有连贯性；由于保留了多个具体的职能部门，使各种政策更易于执行；在全国范围内促进了控制措施的统一应用；独立的风险评估功能和风险管理功能，落实了对消费者的保护措施，获得了国内消费者的信任；鼓励决策的透明性；具有较高的资金使用效率。

（四）国家食品安全控制体系的基本框架

不同国家的食品控制体系的组成和优先发展领域不同，但多数体系均包含了法规体系、管理体系、科学支撑体系、信息教育培训体系等单元。

1.法规体系

发展有关食品的强制性法规是现代食品安全体系中的基本单元。食品法规体系不仅包括立法，而且还包括各种食品标准的制定。食品立法应包括以下方面：应能提高食品的健康保证；应具有清晰的界定以提高其一致性和法律的严谨性；应在风险评估、风险管理和风险交流的基础上，基于高质量、透明和独立的科学结论实施立法；应包括预防性条款；应包括消费者权益的条款；有追溯和召回的规定；责任与义务的明晰。

2.管理体系

有效的食品控制体系需要在国家层面上有效合作并出台适宜的政策。有关体系要素的一些细节应被国家立法机构所规定，这些细节应包括建立领导机构或部门机关、履行相关职责。

3. 监管体系

食品安全法规需要有效的监管体系来保证。监管工作需要有一批高素质的调查人员来实施，这些调查人员要经常与食品工业、食品贸易以及其他社会领域打交道。在很大程度上，食品控制体系的声誉和公正性是建立在调查人员的诚信和专业水平上的。

. 4. 科学支撑体系

实验室是科学支撑体系的一个基本构成要素。实验室应在物理的、化学的和微生物的分析方面配备适宜的条件。通过引入分析质量保证系统，并由国内外权威的验证机构对实验室进行资质认证，能确保其分析结果的可靠性、精确性和重现性。

5. 信息、教育、交流和培训体系

信息、教育、交流和培训体系包括提供全面而符合事实的信息给消费者；对信息进行系统化，并推出面向食品行业的关键行政人员和员工的教育项目；向农业和卫生部门的员工提供参考资料。食品控制机构必须将食品调查人员和实验室分析师所参与的特别培训置于最优先的位置。

第二章 食品质量安全管理技术

第一节 食品质量检验与质量波动

食品质量检验是从生产原辅料直至终产品的全过程控制。质量管理需要在保证合格的前提下，不断改进生产方法，提高产品的合格率，在企业中通过质量检验组织和管理制度的设计，科学地提高食品质量管理和检验水平。食品检验是从生产的中间产品和终产品中抽取样品，借助统计学原理，通过抽检的样品能够判断检验对象的整体（批量），客观地反映生产管理中的质量问题。

质量管理是以保证或提高产品质量为目标的管理。质量管理是一个企业所有管理职能的一部分，其职能是负责确定并实施质量方针、目标和职责。

一、质量检验管理

食品质量检验是食品质量管理中十分重要的组成部分，是保证和提高食品质量的重要手段，也是食品生产现场质量保证体系的重要内容。质量检验不仅是对最终产品的检验，而且包括对食品生产全过程的检验。

（一）质量检验制度

l. 质量检验的职能

（1）把关职能（保证的职能）

根据技术标准和规范要求，通过从原材料开始到半成品直至成品的严格检验，层层把关，以免将不合格品投入生产或转到下道工序或出厂，从而保证质量，起到把关的作用。

（2）预防职能

在质量检验过程中，收集和积累反映质量状况的数据和资料，从中发现规律性、倾向性的问题和异常现象，为质量控制提供依据，及时采取措施，防止同类问题再发生。

（3）报告职能

报告职能即信息反馈的职能，通过对质量检验获取的原始数据的记录、分析和掌握，评价产品的实际质量水平，以报告的形式反馈给决策部门和有关职能管理部门，做出正确的判断并采取有效的决策措施。报告职能为培养质量意识、改进设计、加强管理和提高质量提供必要的信息和依据。

检验的把关、预防和报告职能是不可分割的统一体，只有充分发挥检验的这三项职能，才能有效地保证产品质量。

2.质量检验的步骤

（1）检验的准备

根据产品技术标准和考核指标，熟悉检验标准和技术文件规定的质量特性和具体内容，明确检验的项目及其质量标准，确定测量的项目和量值。确定检验方法，选择精密度、准确度适合检验要求的计量器具和测试、试验及理化分析用的仪器设备。确定测量、试验的条件，确定检验实物的数量，对批量产品还须确定批的抽样方案。

检验的准备可通过编制检验计划的形式来实现。将确定的检验方法和方案用技术文件形式做出书面规定，制定规范化的检验规程（细则）、检验指导书，或绘成图表形式的检验流程卡、工序检验卡等。

（2）检验

按已确定的检验方案和方法，对产品质量特性进行定量或定性的观察、测量、试验，得到需要的量值和结果。测量和试验前后，检验人员要确认检验仪器设备和被检物品试样状态正常，保证测量和试验数据的正确、有效。

（3）比较和判定

由专职人员将测试得到的数据同质量标准比较，确定每一项质量特性是否符合规定要求，根据比较的结果判定单个产品是否为合格品，批量产品是否为合格批。

（4）确认和处理

对单个产品是合格品的转入下道工序或出厂，对不合格品做适用性判断或做返工、返修、降等级、报废等处理；对批量产品决定接受、拒收、筛选、复检等。

（5）记录和报告

质量记录按质量体系文件规定的要求控制，把所测量的有关数据，按记录的要求和格式做好记录，包括检验数据、检验日期、班次，由检验人员签名，便于质量追溯，明确质量责任。质量检验记录是证实产品质量的证据，因此数据要客观、真实，字迹要清晰、整齐，不能随意涂改，需要更改的要按规定要求和程序办理。记录的数据和判定的结果，向上级或有关部门做出报告，以便促使各个部门改进质量。

（二）质量检验的方法

l.统计抽样与非统计抽样

抽样检验分为统计抽样检验和非统计抽样检验。GB/T 30642《食品抽样检验通用导则》规定，抽样检验是从所考虑的产品集合（如批或过程）中抽取若干单位产品（如分立产品）

或一定数量的物质和材料(如散料)进行检验,以此来判定所考虑的产品集合的接收与否,即做出接收或不接收的判定。

统计抽样同时具备随机选取样本和运用概率论评价样本结果的特征,否则为非统计抽样,如百分比抽样检验。百分比抽样检验(按比例抽样)是不管交验批的批量 N 多大,规定一个确定的百分比去抽样(如 1%),采用相同的合格判定数 Ac(一般 Ac 取 0)。

如果食品加工厂应用百分比抽样方案,即不论检验批批量大小 N 为何值,均按规定比例(如 5% 或 10%)抽取样品,采用相同的合格判定数 Ac,那么在同一个 P 值(显著性检验值)条件下,批量况越大,则样本量越大。因此,百分比抽样是大批严,小批宽,即对 N 大的检验批提高了验收标准,而对 N 小的检验批却降低了验收标准,所以百分比抽样是不合理的,不应当使用。

2.统计抽样检验分类

GB/T 30642 中,抽样检验可分成许多不同的类型,按照统计抽样检验的目的,可分为预防性抽样检验、验收抽样检验和监督抽样检验。预防性抽样检验用于生产过程质量控制,验收抽样检验用于产品的出厂交付验收,监督抽样检验用于第三方监督核查。

按检验差别中质量特性的使用方式,可划分为计数抽样和计量抽样检验。计数抽样检验判别依据是不合格品数和不合格数,计量抽样检验判别依据是质量特性的平均值。

按抽样检验时抽取样本的次数可分为一次抽样检验、二次抽样检验、多次抽样检验以及序贯抽样检验;按连续批抽样检验过程中方案是否可调整,又可将抽样检验分为调整型抽样检验和非调整型抽样检验。

3.抽样检验的国家标准

GB/T 30642 适用于交付批的食品验收检验及食品监督抽样检验;不适用于产品生产过程控制,不包括具体食品取样程序以及二次、多次和序贯抽样方案,不考虑与抽样误差相比测量误差不可忽略的同类产品控制和散料定性特性控制。

二、食品质量检验制度

食品质量检验制度是食品质量管理中一个十分重要的组成部分,是保证和提高食品质量的重要手段,也是食品生产现场质量保证体系的重要内容。食品质量的最终检验是为了保证和提高食品质量与安全。通过对过程与结果的控制,可以有效地降低产品的不合格率。

食品质量检验制度所规定的强制检验包括:发证检验(食品生产许可证);生产企业对每批产品的出厂检验;管理部门日常的监督检验。最终保证不合格原材料不投产,不合格半成品不转入下道工序,不合格成品不出厂。

（一）质量检验的主要制度

I. 重点工序双岗制度

重点工序可以是关键零部件或关键部位的工序，可以是作为下道或后续工序加工基准的工序，也可以是工序过程的参数或结果无记录，不能保留客观证据。重点工序双岗制度是操作者在进行重点工序加工时有检验人员在场，必要时还应有技术负责人在场。

监视工序必须按规定的程度和要求进行。例如，使用正确的量具，做好正确的安装定位，执行正确的操作程序。工序完成后，应立即在相关文件上签名，并尽可能将情况记录存档，以示负责和以后查询及取证。

2. 三检制度

所谓三检制，就是实行操作者的自检、工人之间互检和专职检验人员专检相结合的一种制度。

（1）自检

自检是指生产者对自己所生产的产品按照作业指导性文件规定的技术标准进行检验。通过检验了解被加工产品的质量性能及状况，从而做出合格的判断。这也是工人参与质量管理的重要形式。

（2）互检

互检是生产工人相互之间进行检验。下道工序对上道工序流转过来的产品进行检验；同一机床、同一工序轮班交接时进行的相互检验；小组质量员或班组长对本小组工人加工的产品进行抽检等。这种检验有利于保证产品的加工质量，防止疏忽大意而造成废品成批地出现。

（3）专检

专检是由专业检验人员进行的检验。三检制必须以专业检验为主导，专职检验人员无论是对产品的技术要求、工艺知识还是和检验技能都比生产工人熟练，所使用测量仪比较精密，检验结果比较可靠，检验效率也比较高。专检是三检制度的主导检验方式，也是最规范的检验形式，具有相对稳定性和规范性。

3. 质量重复查验制度

质量重复查验制度程序是由企业质检部门检测产品无质量缺陷后，由企业组织各相关单位共同验收。为了保证交付产品或参加试验的产品质量稳妥可靠，避免产品产生质量隐患，产品在入库出厂前，须组织产品设计、生产、试验及技术等部门人员进行产品质量重复检验。应做好验收资料的鉴证和保管工作，最大限度地保障产品的合格率。

4. 质量检查考核制度

质量检查考核制度是为了使质量管理制度能够顺利执行并严格贯彻实施而制定的检查考核制度。对质量管理制度实施情况的检查以各部门现场检查、抽样检查为主（如重复检验、复核检验、改变检验条件后重新检验、建立标准品等）。

在检查考核中发现的问题应拟定改进措施，落实整改期限及负责人。目的是确保各项质量管理制度、职责、操作程序、验证文件等得到有效落实，促进企业质量管理体系的有效运行。

5. 追溯制度

追溯制度也称跟踪管理。在生产过程中，每完成一个工序或一项工作，都要记录其检验结果及存在的问题。记录操作者及检验者的姓名、时间、地点及情况分析，在适当的产品上也须做质量状态标志。

产品出厂时还同时附有跟踪卡，随产品一起流通，以便用户在使用产品时出现的问题能及时反馈给生产者，这是企业进行质量改进的重要依据。追溯制度有 3 种管理办法：

（1）批次管理法

根据材料的工艺过程分别组成批次，记录批次号或序号以及相应的工艺状态。

（2）日期管理法

对于连续性生产过程中价格较低的产品，可采用记录日历日期的方法来追溯质量状态。

（3）连续序号管理法

根据连续序号追溯产品的质量档案。

6. 质量统计、分析制度

质量统计、分析是报告和信息反馈的基础，也是进行质量考核的依据。质量统计按期向企业相关负责部门及上级有关部门汇报。反映产品质量的变动规律，主要有：抽查合格率、返工率、指标合格率、成品一次合格率、加工废品率等。

7. 不合格品管理制度

不合格品管理不只是质量检验，也是整个质量管理工作中的一个十分重要的问题。在不合格品管理中，需要做好以下几项工作：

（1）三不放过的原则

三不放过包括：不查清不合格的原因不放过；不查清责任者不放过；不落实改进的措施不放过。三不放过的原则是质量检验发挥检验工作的把关和预防的职能。

（2）两种判别职能

判别生产出来的产品是否符合技术标准，即是否合格，这种判别的职能由检验员或检验部门承担。

8. 留名制度

尽管检验工作对提高质量有促进作用，但仍须记录检验、交接、存放和运输的过程及责任者的姓名以示负责。成品出厂检验单上，检验员必须签名、盖章。签名后的记录文件应妥善保存，以便日后作为参考或成为证明材料。

（二）质量检验组织

质量检验指采用一定的检验测试手段和检验方法测定产品的质量特性，然后把测定的结果同规定的质量标准相比较，从而对产品做出合格或不合格的判断。为了保证质量检验工作的顺利进行，食品企业首先要建立专职质量检验部门，并配备具有相应专业知识的检验人员。

企业必须保证质量检验机构能够独立行使监督、检验的职权。一般企业中检验部门的检验人员，在管理归属上存在两种方式：一种方式是检验人员由检验部门管理；另一种方式是人员由所在车间管理。前一种方式比较适宜，检验人员能够客观地履行其职责。

企业检验的机构设置中，一般都设有检验部门，由总检验师领导，各检验员共同承担检验工作。检验质量部门的组织结构根据企业的具体情况来定。一般按生产流程可分为进货检验、过程检验、成品检验等。

三、质量波动

影响过程（工序）质量的因素 5M1E 即人（Man）、机器（Machine）、材料（Material）、方法（Method）、测量（Measure）、环境（Environment）。即使处于稳定状态下，在工序实施中也不可能始终保持绝对不变，例如操作者的技术水平和精力集中情况的变化，原材料化学成分在标准范围内的微小差异，工作环境如温度、湿度的变化均会造成产品质量特性值的差异。因此，质量波动是客观存在的。但同时产品质量的波动具有统计规律性（即服从一定的分布规律），从统计学的观点，将产品质量波动分为正常波动和异常波动两类。

任何一个生产过程，总存在着质量波动。质量管理的一项重要工作内容就是通过搜集数据、整理数据，找出波动的规律，把正常波动控制在最低限度，消除系统性原因造成的异常波动。

（一）质量波动的原因

质量波动是客观存在的，是绝对的。造成质量波动有六个方面因素，即 5M1E。从过程质量控制角度，把质量波动的原因分为以下两类：

1. 偶然性原因

偶然性原因是不可避免的原因，如机器的固有振动、液体灌装机的正常磨损、工人操作的微小不均匀性、原材料中的微量杂质或性能上的微小差异、仪器仪表的精度误差及检测误差等。一般来说，这类因素不易识别，其大小和作用方向难以确定，对质量特性值波动的影响较小，使质量特性值的波动呈现典型的分布规律。

2. 系统性原因

系统性原因是指在生产过程中少量存在且对产品质量不经常起作用的影响因素。如果生产过程中存在这类因素，必然使产品质量发生显著的变化。这类因素包括原料质量不合格、工人操作失误或不遵守操作规程、生产工艺不合理、工人过度疲劳、刀具过度磨损或损坏、计量仪器故障等。一般来说，这类因素较少，容易识别，其大小和作用方向在一定的时间和范围内，表现为一定的或周期性或倾向性的有规律的变化。

（二）质量波动分类

由于波动性的存在，所以在产品设计时有了公差的要求。位于规定公差范围内的产品是可以接受的，称为正常波动；超出公差范围的产品是不可接受的，称为异常波动。

1. 正常波动

由随机因素（又称偶然因素）造成。正常波动是不可避免的，也是质量管理中允许的，此时的工序处于稳定状态或受控状态。正常波动是固有的、始终存在的，对质量特性值的影响小。

在一定技术条件下，从技术上难以消除，经济上也不值得消除。正常波动不应由工人和管理人员负责。

2. 异常波动

由系统因素（异常因素）引起的。正常波动是质量管理中不允许的波动，此时的工序处于不稳定状态或非受控状态。异常波动是指非过程固有、有时存在有时不存在，对质量波动影响大。

异常波动常常超出了规格范围或存在超过规格范围的危险。在一定技术条件下，易于判断其产生原因并除去。质量管理的一项重要工作内容就是通过搜集数据、整理数据，找出波动的规律，把正常波动控制在最低限度，消除系统性原因造成的异常波动。

六、制订食品质量检验计划

质量检验计划指对检验涉及的活动、过程和资源做出规范化的书面文件规定，用以指导检验活动正确、有序、协调地进行。

（一）质量检验计划的目的和作用

检验计划是生产企业对整个检验工作进行系统策划和总体安排。一般以文字或图表形式明确地规定检验点（组）的设置；资源配备（包括人员、设备、仪器、量具和检具）；检验方式和工作量。检验计划是指导检验人员工作的依据，是企业质量工作计划的一个重要组成部分。

（二）质量检验计划的内容

质量检验部门根据企业的技术、生产、计划等部门的有关计划及产品的不同情况来编制质量检验计划，其基本内容有：①确定检验目标；②规划检验流程（说明检验程序、检验站或点的设置、采用的检验方式）；③编制产品及组成部分的质量特性分析表，制定产品不合格严重性分级表；④制定检验指导书（对关键的和重要的产品组成部分编制检验规程）；⑤编制检验手册；⑥确定检验人员的组织形式、培训计划和资格认定方法，明确检验人员的岗位工作任务和责任等；⑦编制检测工具、仪器设备明细表，提出补充仪器设备及测量工具的计划；⑧选择合适的检验方式或方法。

（三）编制检验计划的原则

1. 充分体现检验的目的

质量检验的目的主要包括两个方面：一是尽量防止产生和出现不合格的产品或服务；二是保证检验合格的产品符合质量标准。有效的质量检验计划应充分体现这两个方面的作用。

2. 对检验活动能起到指导作用

质量检验计划必须对检验项目、检验方式和手段等具体内容有明确的规定，并保持在各项管理文件和技术文件中的相容性和一致性。这样，才能保证所制订的质量检验计划对质量检验活动有真正的指导作用。

3. 关键质量应优先保证

在质量计划中，对关键的零部件、关键的质量特性和关键的质量指标或者关键的服务节点，必须优先考虑和保证，在内容上应当保证准确无误。并且，在发现问题时应及时修订和改进。

4. 检验计划

检验计划应随产品实现过程中产品结构、性能、质量要求、过程方法的变化做相应的修改和调整，以适应生产作业过程的需要。

5.综合考虑检验成本

制订检验计划时要综合考虑质量检验成本，在保证产品质量的前提下，尽量降低检验费用。

（四）检验流程图的编制

检验流程图是表明从原料或半成品投入最终生产出成品的整个过程中，安排各项检验的一种图表。检验流程图是正确指导检验活动的重要依据，有助于管理人员对该产品的检验工作通盘考虑。

通过流程图可以明确检验重点和检验方式，合理地使用检验力量，掌握生产过程中对检验工作的各种需要，以便采取相应措施来实现这些需要，流程图一般包括检验点设置、检验项目、检验手段、检验方法和检验数据处理等内容。

（五）编制检验指导书

检验指导书又称检验规程或检验卡片，是产品生产制造过程中，用以指导检验人员正确实施产品和过程控验的技术文件，是产品检验计划的一个重要部分。对关键的和重要的质量特性都应编制检验指导书。在指导书上应明确规定需要检验的质量特性及其质量要求、检验手段、抽样的样本容量等。通过检验指导书，检验员就能指导检验的项目以及如何检验，有利于质量检验工作正常进行。

（六）编制检验手册

检验手册是质量检验活动的管理规定和技术规范的文件集合。检验手册基本上由程序性和技术性两方面内容组成。它是质量检验工作的指导文件，是质量体系文件的组成部分，是质量检验人员和管理人员的工作指南，对加强生产企业的检验工作，使质量体系的业务活动实现标准化、规范化、科学化有重要意义。检验手册基本上由程序性和技术性两方面内容组成。

1.程序性检验手册

程序性检验手册的具体内容：①质量检验体系和机构，包括机构框图、机构职能（职责、权限）的规定；②质量检验的管理制度和工作制度；③进货检验程序；④过程（工序）的检验程序；⑤成品检验程序；⑥计量控制程序（包括通用仪器设备及计量器具的检定、校验周期表）；⑦检验有关的原始记录表格格式、样式及必要的文字说明；⑧不合格产品审核和鉴别程序；⑨检验标志的发放和控制程序；⑩检验结果和质量状况反馈及纠正程序。

2. 技术性检验手册

技术性检验手册的内容可因不同产品和过程（工序）而异：①不合格产品严重性分级的原则和规定；②抽样检验的原则和抽样方案的规定；③各种材料规格及其主要性能及标准；④工序规范、控制、质量标准；⑤产品规格、性能及有关技术资料，产品样品、图片等；⑥试验规范及标准；⑦索引、术语等。

编制检验手册是专职检验部门的工作，由熟悉产品质量检验管理和检验技术的人员编写，并经授权的负责人批准签字后生效。

第二节　质量数据与抽样分析

在食品质量管理中，对质量数据进行统计分析，提出质量控制和质量改进的措施和方法。由于食品生产中不可能进行全数检验，必须运用概率统计学的方法确定食品的抽样方法，使样品能够代表总体并判断质量趋势，所以必须制订切实可行的抽样方案，既能确保质量合格又能方便生产。

为了在企业内部进行质量管理工作，评价产品质量的状况，最大限度地满足顾客的质量要求，必须把产品的适用性要求进行具体的数量化表示。这种定量表示的质量特性，称为质量特性参数。不同类的质量特性值所形成的统计规律不同，从而形成了不同的控制方法。GB/T 30642 抽样检验的目的，是通过一定的抽样方案在提交的批中抽取样本，根据样本的检验结果对批接收性，即接收或不接收批做出判定。

一、质量管理数据

产品质量特性包括技术的、经济的、社会的、心理的和生理的，一般把反映产品使用目的的各种技术经济参数作为质量特性。根据这些特性满足社会和人们需要的程度，来衡量工业产品质量的好坏优劣。产品的质量特性有的可以直接定量，如钢材的强度、化学成分、硬度、寿命等，反映的是这个工业产品的真正质量特性。有的产品质量特性是难以定量的，如容易操作、轻便、舒适、美观大方等，而以某些技术参数间接反映产品的质量特性。不论是直接定量的还是间接定量的质量特性，都应准确地反映社会和用户对产品质量特性的客观要求，把反映产品质量主要特性的技术经济参数明确规定下来，形成产品质量标准（或称技术标准）。

（一）质量数据分类

质量数据是指某质量指标的质量特性值。质量数据按其性质分为两类：计量值数据和计数值数据。

质量特性值是测量或测定质量所得的数值，即质量指标。计数值是指当质量特性值只能取一组特定的数值，而不能取这些数值之间的数值时的特性值。计量值是指当质量特性值可以取给定范围内的任何一个可能的数值时，此特性值即为计量值。质量特性参数，定量表示质量特性。相关的食品标准中感官指标、理化指标、微生物指标、是衡量食品卫生的标准。

1. 计量值数据

计量值数据是用测量工具可以连续取值的数据，即可以用测量工具具体测出小数点以下数值的数据。如长度、面积、质量、密度、糖度、酸度、温度、营养含量等。

2. 计数值数据

计数值数据是不能连续取值的、只能以整数计算的数据，如产品件数、不合格品数、产品表面的缺陷数。一般为正整数，但以百分数出现的数据由哪一类数据计算所得，就属于哪一类数据。

（1）计件值数据

计件值数据指通过产品（或其他事物）的件数而得到的数值。如产品件数、不合格品率、不合格品数、质量检测的项目数。计件值数据是考核批质量状况的，所以大多数生产过程中对计件值特性的考核指标为不合格品率 p 或不合格品数 n_p。

（2）计点值数据

计点值数据指通过数缺陷数而得到的数值。如不合格数、大肠杆菌数、细菌总数、产品表面的缺陷数、单位时间内机器发生故障的次数及玻璃上的气泡数等。

（二）总体与样本的特征值

1. 总体

总体是研究对象的全体，可以是一个过程，也可以是这一过程的结果即产品。总体可以是有限的，也可以是无限的。例如，检测某厂1000瓶饮料，其总体的数量已限制在1000个，是有限的总体。若对该厂过去、现在和将来生产的饮料质量情况进行分析，这个连续的过程可以提供无数个数据，是无限的总体。组成总体的每个单元（产品）称作个体。总体所含的个体数称作总体含量（也称总体大小），通常用 N 表示。

2. 样本

从总体中随机抽取出来并进行分析研究的一部分个体。样本中所含的每一个个体叫样品，是构成总体或样本的基本单位，如从3000包奶粉中抽取10包奶粉作为样本进行检验。样本中所含的样本数目叫样本容量或样本大小，通常用 n 表示，上述奶粉的样本量

$n = 10$。通常，$n \leqslant 30$ 的样本叫小样本，$n > 30$ 的样本叫大样本。从总体中抽取部分个体作为样本的过程叫抽样。在检验中，一般采取抽样检验的方法。

二、抽样检验

抽样检验是指根据数理化统计原理所预先制订的抽样方案，随机的从批或过程中抽取少量个体或材料作为样本。对样本进行全数检验，并根据对样本的检验结果对该批产品做出合格或不合格的判定。

（一）抽样检验的方法

I. 抽检样品采集的方法

抽检样品采集的原则就是随机抽样，即保证在抽取样本的过程中，排除一切主观意向，使批中的每个单位产品都有同等被抽取的机会。

（1）简单随机抽样（单纯随机抽样）

简单随机抽样指总体中的每个个体被抽到的机会是相同的。从个体数为 N 的总体中不重复地取出 n 个个体（$n < N$），每个个体都有相同的机会被取到。例如，抓阄、掷骰、抽签或随机数值表。简单随机抽样的抽样误差小，但抽样手续比较繁杂。简单随机抽样的特点：①被抽取样本的总体个数有限，便于通过随机抽取的样本对总体进行分析；②从总体中逐个地进行抽取，便于在抽样实践中进行操作；③多采用不放回抽样，使其具有较广泛的实用性，而且由于所抽取的样本中没有被重复抽取的个体，便于进行有关的分析和计算；④等机会抽样不仅每次从总体中抽取一个个体时，各个个体被抽取的机会相等，而且在整个抽样过程中，各个个体被抽取的机会也相等，保证这种抽样方法的公平性。

（2）系统随机抽样（等距抽样法或机械随机抽样）

系统随机抽样是每隔一定时间或一定编号（产品数量）进行抽样，而每一次又是从一定时间间隔内生产出的产品或一段编号的产品中任意抽取一个。例如，在流水线上定时抽一件产品进行检验就属于系统随机抽样法。系统随机抽样操作简便，实施起来不易出差错，但在总体发生周期性变化的场合，不宜使用这种抽样的方法。

（3）分层抽样法（类型抽样法）

分层抽样法是从一个可以分成不同层（即小批）的总体中，按规定的比例从不同层中随机抽取样品的方法。将总体按产品的某些特征把整批产品划分为若干层，同一层内的产品质量尽可能均匀一致，在各层内分别用简单随机抽样法抽取一定数量的个体组成一个样本的方法。分层抽样法样本比较有代表性，抽样误差比较小，但抽样手续比简单随机抽样还要烦琐。这种抽样方法主要用于产品的质量验收。

分层抽样时，先将样品按设备、操作人员或操作方法等进行归类分层，再按比例从各层中分别抽取样品。例如，某企业食品分别由 A、B、C 三条生产线生产的批量 N=1600，其中 A 线产品为 800，B 线产品为 640，C 线产品为 160，抽取一个 n =20 的样本。采用分层抽样法计算如下：A 线抽取单位产品数 =20×800/1600=10；B 线抽取单位产品数 =20×640/1600=8；C 线抽取单位产品数 =20×160/1600=2，然后用单纯随机抽样法，分别在各层中抽取单位产品，并组成 n =20 的样本。

（4）整群抽样法（集团抽样法）

将总体分成许多群（组），每个群（组）由个体按一定方式结合而成，然后随机地抽取若干群（组），并由这些群（组）中的所有个体组成样本。如果对某种产品每隔 20h 抽出其中 1h 的产量组成样本；或者每次取一箱、一堆、1h 的产品，就属于整群抽样。整群抽样法实施方便，但由于样本取自个别几个群体，而不能均匀地分布在总体中，因而代表性差，抽样误差大。这种抽样方法常用于工序控制中。例如，某种食品分装在 20 个箱中，每箱各装 50 个共 1000 个，整群抽样的方法：先从 20 箱产品中随机抽出 2 箱，该 2 箱产品组成样本，然后对这 2 箱样品进行全数检验。

2. 全数检验与抽样检验的比较

一般情况下认为，只有全数检验才能保证质量，抽样检验不可靠。但当产品数量很大时，全数检验并不能保证产品百分之百合格，这是由于检验员长时间检验，容易产生疲劳，不可避免地会出现错检、漏检现象。一般情况下，人工检验可以发现产品中实际存在缺陷的 80%，而漏掉其余的 20%。同时，当检验工作量大时，由于受检验人员以及场地等条件限制，往往要放弃对某些质量特性的检验。

全数检验在保证产品质量上可靠性要高一些，但检验工作量大、周期长、检验成本高，要求检验人员和检验设备较多。由于检验人员长期重复检验易疲劳、工作枯燥，检验人员技术检验水平的限制以及检验工具的迅速磨损，可能导致较大的漏检率和错检率。在大批量生产与连续交货时，不能或很难满足生产进度和交货期的要求；破坏性检验采用全数检验，不切合实际。另外，还有一些场合没有必要采用全数检验浪费人力、物力。

抽样检验方法，以数理统计为理论依据，通过采用随机抽样，选择、设计合适的抽样计划与抽样方案，可以将生产方风险与使用方风险限制在允许的范围内，保证产品质量，降低检验费用。

抽样检验节约了检验工作量和检验费用，缩短了检验周期，减少了检验人员和设备。特别是属于破坏性检验时，只能采取抽样检验的方式。抽样检验的缺点：有一定的错判风险，例如将合格判为不合格，或将不合格错判为合格。虽然运用数理统计理论，在一定程度上减少了风险，提高了可靠性，但只要使用抽检方式，这种风险就不可能绝对避免。

抽样检验适用于生产批量大、自动化程度高、产品质量比较稳定的产品或工序；带有破坏性检验的产品和工序；某些生产效率高、检验时间长的产品和工序；检验成本太高的产品和工序；产品漏检少量不合格不会引起重大损失的产品。

（二）抽检中的常用参数

1. 接受质量限（AQL）

接受质量限（AQL）也称可接受质量水平或合格质量水平，指当一个连续系列批被提交验收抽样时，可允许的最差过程平均质量水平，即可接收的不合格品率。AQL 是对生产方的过程质量提出的要求，如 AQL=6.5%，允许的生产方过程平均不合格品率的最大值（上限）。AQL 的数值表征为：①每百件产品中的不合格品数；②每百件产品中的不合格数。

AQL 值一般在质量标准或供需双方签订的订货合同或协议中明确规定。供需双方应根据需求的必要性和生产的可能性协商确定。接收质量限 AQL 值是质量目标；不同产品可制定不同的 AQL 值，相同的产品对不同的用户，可制定不同的 AQL 值。

2. 检验水平（IL）

检验水平是预先设定的、反映样本量和批量的关系、与验收抽样计划检验量有关的指数（GB/T 30642）。检验水平（IL）为确定判断能力而规定的批量 N 与样本大小 n 之间关系的等级划分。通常批量 N 越大，样本 n 也越大，但不是正比关系，大批量样本占的比例比小批量样本占的比例小。

在抽样检验过程中，检验水平表征抽样检验方案的判断能力。检验水平高，判断能力强。即优于或等于 AQL 质量批的接收概率将有所提高，劣质批的接收概率将有较明显的降低。但检验水平越高，检验样本量越大，检验费用也相应提高。

3. 抽样检验的严格度

GB/T 2828.1—2012 规定了 3 种不同严格程度的检验，包括：正常检验、放宽检验和加严检验。

（1）正常检验

正常检验是没有理由认为过程质量水平与规定的质量水平不同时，所采用的检验。

（2）放宽检验

放宽检验是当预定批数的正常检验结果表明过程质量水平优于规定的质量水平时，所转移到比正常检验严格度低的检验。

（3）加严检验

加严检验是当预定批数的正常检验结果表明过程质量水平劣于规定的质量水平时，所转移到的比正常检验严格度高的检验。

三、应用抽样检验方案

抽样系统是抽样方案或抽样计划及抽样程序的集合。其中，抽样计划带有改变抽样方案的规则，而抽样程序则包括选择适当的抽样方案或抽样计划的准则。抽样计划是验收抽样方案与从一个抽样方案转为另一个抽样方案的转移规则的组合。抽样方案是样本量及相应接收准则的组合。

在抽样检验中，为了确定样本含量和判断检验批是否合格而规定的一组规则称为抽样检验方案，包括如何抽取样组、样组大小以及为了判定批合格与否的判别标准等。

（一）计数抽样检验与计量抽样检验

抽样检验根据被检质量特性的分布及单位产品质量表示方法，分为计数抽样检验与计量抽样检验。在抽样检验国家标准中，分别给出了计数抽样方案与计量抽样方案。

1. 计数抽样检验

计数抽样检验是根据观测的样本中各单位产品是否具有一个或多个规定的质量特征，从统计上判定批可接收性的抽样检验。也就是说，按规定的抽样方案从批中随机抽取一定数量的单位产品，仅将单位产品划分为合格或不合格，或者仅计算单位产品不合格数，与抽样方案规定的接收数进行对比，判断该批产品能否接收的过程。

在计数抽样检验中，批质量以每百单位产品不合格品数或不合格数表示。对样本中每个单位产品进行检验，计算样本中出现的不合格品数或不合格数 d，与抽样方案给定的合格判定数 Ac 进行对比，若 $d \leqslant Ac$ 则判该批合格；若 $d \geqslant Ac$ 则判该批不合格。

计数检验包括计件抽样检验和计点抽样检验。计件抽样检验是根据被检样本中的不合格产品的件数，推断整批产品的接收与否。计点抽样检验是根据被检样本中的产品包含的缺陷数，推断整批产品的接收与否。

2. 计量抽样检验

计量抽样检验是根据来自批的样本中的各单位产品的规定质量特性测量值，从统计上判定批可接收性的抽样检验。也就是说，通过测量被检样本中的产品质量特性的具体数值并与标准进行比较，进而推断整批产品的接收与否。

总的来说，对食品的成批成品抽样检验，常采用计数抽样检验方法。仅对那些质量不易过关，须做破坏性检验（如品评）以及检验费用较大的检验项目，才采用计量抽样检验方法。

3. 计数抽样检验与计量抽样检验的原理

计数抽样检验是按照规定的质量标准，把单位产品简单地划分为合格品或不合格品，或者只计算缺陷数，然后根据样本中不合格品的计数值对批进行判定的一种检验方法。计量抽样对单位产品的质量特征，应用某种与之对应的连续量（例如：质量、长度等）实际测量，然后根据统计计算结果（例如：均值、标准差或其他统计量等）是否符合规定的接收判定值或接收准则，从而对批进行判定的抽样检验。

计数抽样检验以批量、检验水平和质量水平作为检索要素，得到样本量和接收数，然后比较不合格品数来判定批的接收性。计量抽样检验以批量、检验水平和质量水平作为检索要素，得到样本量和接收常数，从而得到接收限，然后比较接收限与样本特性均值来判定批的接收性。

（二）一次标准型抽样方案

抽样检验时，按照判断批合格与否的最多抽样次数，将一次标准型抽样方案分为1次、2次、多次以及序贯抽检等形式。

一次标准型抽样检验是按确定的规则，基于预先确定的样本量一次抽取单个样本，并根据所得的检验结果即可做出接收性判定的抽样检验。例如，计数一次抽样检验方案一般表示为（n, Ac, Re），其中 n 为样本量，Ac 为接收数，Re 为拒收数。以一次抽样方案为例：对批做出接收判定时，Ac 是样品中发现的不合格品（或不合格）数的上限值，如果样本中的不合格品（或不合格）数 $d \leq Ac$ 时，接收该批；Re 是样品中发现的不合格品（或不合格）数的下限值，如果样本中的不合格品（或不合格）数 $d > Ac$ 时，则不接收该批。

I. 一次抽样方案

一次抽检从检验批中抽取一个样本就对该批产品做出是否接收的判断。即只须从1个检验批中抽取1个样本，根据样本的检验结果的合格或不合数来判定该产品批合格与否，决定是接收还是拒收的抽样方案。一次抽样方案可用（N, n, Ac）或（N, Ac）、或（N, n, Ac, Re）或（n、Ac、Re）表示，由于一次抽样检验方案中 Re=Ac+1，所以 Re 在方案中一般不标出。一次抽样方案的判别过程如图 2-1 所示。如果样本中的不合格品（不合格）数 $d \leq Ac$ 时，接收该批；若 $d \geq Re$ 时则不接收该批。

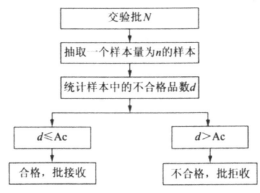

图 2-1 一次抽样示意图

一次抽检具有的优点是：方案的设计、培训与管理较容易；抽检数是常数；有关批质量的信息能最大限度地被利用。缺点是：抽检量一般比 2 次或多次抽检大，特别是当 N 值极小或极大时，更为突出。

2.二次抽样方案

二次抽检是一次抽样检验的延伸，要求对一批产品抽取至多两个样本即做出批接收与否的结论，当第一个样本不能判断质量接收与否时，再抽第二个样本，然后由两个样本的抽检结果来确定批是否被接收。采用这一方案不一定每批都必须抽取两个样组。如果通过第一个样组可做出合格与否的判断，那么就不需要抽取第二个样组。因此，一般来讲，二次抽检的平均检验量比一次抽检小。

二次抽样方案可用（n_1, n_2, Ac_1, Ac_2）或（n_1, Ac_1, Re_1）、（n_2, Ac_2, Re_2）表示，二次抽样方案中 Re_1 与 Ac_1 之间没有加 1 的关系。二次抽样方案的判别程序如图 2-2 所示。先从检验批中抽取大小为 n_1 的第一样组，若其中的不合格品数 $d_1 \leqslant Ac_1$，则可判定该批产品合格而予以接受；若 $d_1 > Re_1$，则判定该批产品不合格而拒收；如果 $Ac_1 < d_1 < Re_1$ 时，则继续抽取第二个大小为 n_2 的第二样组，测得其中所含的不合格品数 d_2，若 $d_1 + d_2 \leqslant Ac_2$，则接收该批产品；若 $d_1 + d_2 \geqslant Re_2$，则拒收这批产品。

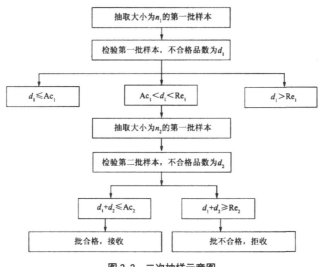

图 2-2　二次抽样示意图

例如，二次抽样检验方案（80，3，6），（80，9，10）的判定程序如下：第一次抽检时，随机抽取 80 个样品进行测试，若其中不合格品数 $d_1 \leqslant 3$ 时，就判定该批产品为合格而予以接受；若 $d_1 \geqslant 6$，则判定该批产品为不合格批而予以拒收。如果 $3 < d_1 < 6$ 时，再抽取 80 个样品为第二样组，其中所含的不合格品数为 d_2，若 $d_1 + d_2 \leqslant 9$，则接收该批产品；

若 $d_1 + d_2 \geq 10$，则拒收这批产品。

二次抽检的优点是平均抽检量仅为一次抽检量的 67% ~ 75%，缺点是抽检量不定，管理稍复杂；抽检操作须作专门培训。

3. 计数序贯抽样检验方案

在序贯抽样检验中，样本产品随机抽取并逐一检验，用累积数来记录不合格品数（或不合格数）。在对每个单位产品检验后，用累积数与接收准则比较以评价在该检验阶段是否有足够信息对该检验批做出判定。在某检验阶段，如果累积数表明接收不满意质量水平批的风险足够低，则接收该批，并终止检验。另一方面，如果累积数表明拒收满意质量水平批的风险足够低，则不接收该批，并终止检验。如果累积数不能做出上述决定，则继续抽取另一单位产品进行检验，直到有足够信息对批做出接收或不接收的决定为止。序贯抽样检验不限制抽样次数，每次抽取一个单位产品，直至按规则做出是否接收批的判断为止。序贯抽样检验方案适合于单个样本产品的测试费用相对最贵的情形。

（三）调整型抽样检验方案

调整型抽样检验是利用随机抽样，使用预先确定的改变样本量和抽样频率的规则，可以从统计角度量化的抽样检验，这种抽样往往基于对产品过程的了解，以及生产方和使用方的要求。调整正常检验、放宽检验和加严检验时，须计算转移得分，依据转移规则和程序进行抽样检验状态的转移。

1. 转移规则

转移规则是由一种检验状态转移到另一种检验状态的规定。当产品批次被送交检验时，除非负责部门另有规定，检验开始时应采用正常检验。

开始正常检验经历一段时间后，如果认为送交检验的每一批质量水平一致优于合格质量水平时，为鼓励生产方在不断提高和保证产品质量方面做出努力，应转为采用放宽检验。如果认为送交检验的各批质量水平低于合格质量水平，出现多批被拒收时，当然会认为被接收的批质量水平也是低劣的。为了弥补这种缺陷，必须由正常检验转入加严检验，通过降低接收概率来拒绝许多批的通过，促使生产方努力提高产品的质量水平。可见，调整型抽样检验，无论是放宽还是加严都有利于促进生产方不断提高产品的质量水平。

2. 转移程序

转移是为了防止生产方的质量水平劣于 AQL。当检验结果表明质量劣于 AQL 时转移到加严检验。如果加严检验未能激励生产方迅速改善其生产过程，实施暂停检验规则。当检验结果表明质量水平稳定且认可其优于 AQL 时，规定了转移到放宽检验的规则。

采用正常检验时，连续 5 批或少于 5 批中有 2 批不被接收，则转移到使用加严抽样检验方案，一旦采用加严检验，直到有连续 5 批被接收时才恢复正常检验。采用加严检验时，如果不接收批的累计数达到 5 批，抽样检验将被停止，直到有证据证明采取了有效的纠正措施后，才能恢复抽样检验。

3. 转移得分规则

转移得分是指在正常检验情况下，用于确定当前的检验结果是否足以允许转移到放宽的指示数。

（1）一次抽样

当接收数等于或大于 2 时，如果 AQL 加严一级后该批接收，则给转移得分加 3；否则将转移得分重新设定为 0。当接收数为 0 或 1 时，如果该批接收，则给转移得分加 2，否则将转移得分重新设定为 0。

（2）二次和多次抽样

当使用二次抽样方案时，如果该批在检验第一样本后接收，给转移得分加 3，否则将转移得分重新设定为 0。当使用多次抽样方案时，如果该批在检验第一样本或第二样本后接收，则给转移得分加 3，否则将转移得分重新设定为 0。检验严格度的转移规则和程序见图 2-3。

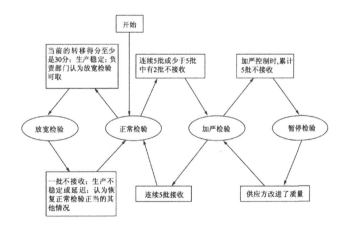

图 2-3　检验严格度的转移规则和程序（GB/T 2828.1—2012）

第三节　食品质量的成本管理

质量成本也叫质量费用，是质量体系中的一个重要因素。质量成本是指是为了确保满意的质量而发生的费用以及没有达到满意的质量所造成的损失。质量成本的内容大多和不良质量有直接的密切联系，或者是为避免不良质量所发生的费用，或者是发生不良质量后的补救费用。质量成本管理是指通过对质量成本进行统计、核算、分析、报告和控制，找到降低成本的途径，进而提高企业的经济效益。质量成本管理主要探讨产品质量与企业经济效益之间的关系。

质量经济性是人们获得质量所耗费资源的价值量的度量。在质量相同的情况下，耗费资源价值量小的，其经济性就好。狭义的质量经济性是质量在形成过程中所耗费的资源的价值量，主要是产品的设计成本和制造成本及应该分摊的期间费用。广义的质量经济性是用户获得质量所耗费的全部费用，包括质量在形成过程中耗费资源的价值量和在使用过程中耗费的价值量，即单位产品寿命周期成本。

质量经济性管理的基本原则：从组织方面，降低经营性资源成本，实施质量成本管理；从顾客方面，提高顾客满意度，增强市场竞争能力。提高组织的经济效益可从增加收入和降低成本入手。

质量成本管理的内容包括：制定质量成本责任制；设定本企业的质量成本科目；对质量成本进行统计、核算、分析、报告和控制；建立健全质量管理体系；探讨产品质量与企业经济效益之间的关系；找到降低成本的途径及提高企业经济效益的方法。

一、质量成本与质量损失

质量成本是质量体系的一个重要因素，属于质量经济学范畴。质量成本包括确保满意的质量时所发生的费用，以及未达到满意的质量时所造成的损失。

质量成本包括企业为保证和提高产品或服务的质量所进行的质量管理活动支出的费用，由于产品或服务的质量问题所造成企业实际应支付和虽不必支付但应核算的一切内外部损失之和。

（一）质量损失

质量损失与质量效益是对立统一体。质量效益指通过保证，改进和提高产品质量而获得的效益，来自消费者对产品的认同与支付。如果产品质量不能得到消费者的认可，就会产生损失。

l. 质量损失内容

质量损失指产品在整个生命周期中，由于质量不符合规定要求，对生产者、消费者以及社会所造成的全部损失之和。质量损失涉及多方面的利益。

（1）生产者的损失

生产者的损失包括出厂前损失（不能成为合格产品、须返工或销毁）；出厂后损失（退货、赔偿等）；有形损失（废品损失、储运中的损坏变质、赔偿损失等）；无形损失（企业信誉受影响、订货受影响、市场丧失等）。这些损失通过价值可以计入成本，转嫁给消费者；如果不能转嫁给消费者，则企业利润减少，效益恶化。

企业不合理地追求过高的质量，使产品质量超过了消费者的实际需求，通常称为剩余质量。剩余质量使生产者花费过多的费用，成为不必要的损失。

（2）消费者的损失

产品在食用或使用中因质量缺陷而使消费者蒙受的各种损失属于消费者损失。在消费者损失中也存在无形损失，如食品的内外包装或成分功能的缺陷影响消费者的健康、心情，使生命安全受到危害等；食品营养成分、功能成分不合理而使消费者得不到应有的营养、保健作用等。消费者的无形损失很难完全避免，也不需要生产者赔偿，但影响企业的形象、经济效益。

（3）社会损失

生产者的损失和消费者的损失都属于社会损失，此外产品的缺陷对社会造成的污染或公害，对环境的破坏和资源的浪费而造成的损失等也属于社会损失。社会损失的受害者不确定，难以追究赔偿，故生产者往往不重视。

2. 质量损失函数

产品的质量状态是由质量特性描述的，对质量特性的测量数值称为质量特性值。每一批产品虽然在相同的环境制造生产，但其质量特性或多或少地存在一定的差别，表现出波动性。因此，质量波动与质量损失之间有可定量估计的联系，即损失函数。

损失函数表达式：

$$L(y) = k(y-m)^2 = k\Delta^2.$$

公式中：$L(y)$——质量特性值为 y 时的波动损失；

y——实际测定的质量特性值；

k——比例常数；

m——质量特性的标准值；

$\Delta = y - m$——偏差。

（二）质量成本的分类与特点

质量成本也叫质量费用，CB/T 6583—1994《质量管理和质量保证的术语》定义为：为了确保和保证满意的质量而发生的费用以及没有达到满意的质量所造成的损失。

质量成本可发生于企业内部，也可发生于顾客，即与满意的质量有关，也与不良质量造成的损失有关。

1. 符合性成本和非符合性成本

质量成本为保证产品符合一定质量要求所发生的一切损失和费用，包括符合性成本和非符合性成本构成。

（1）符合性成本

符合性成本是在现行过程无故障情况下，完成所有规定的和指定的顾客要求所支付的费用，即生产成本费用，如原材料费、工资与福利费、设备折旧费、电费、辅助生产费等。

（2）非符合性成本

非符合性成本是由于现行过程的故障造成的费用。如生产过程发酵失败导致的损失费、设备故障而导致的停工损失费、设备维修费等。

质量成本的内容大多和不良质量有直接的密切联系，或者是为避免不良质量所发生的费用，或者是发生不良质量后的补救费用。显然，质量管理中核算过程成本的根本目的是要不断降低非符合性成本。

2. 运行质量成本和外部保证质量成本

（1）运行质量成本（直接质量成本）

运行成本进一步划分为预防成本、鉴定成本、内部故障（损失）成本、外部故障成本。

①为保证和提高产品质量而发生的各种费用

主要有：鉴定成本（检验费用）：指按照质量标准对产品质量进行测试，评定和检验而发生的各种费用。例如，进料检验费，外购配套件检验费，产品与工序的检验费，产品试验费，测试和检验手段的维护、校准费等。

预防成本（预防费用）：指为减少质量损失和降低检验费用而发生的各种费用。例如，质量控制的技术和管理费、新产品的鉴定评审费、工序控制费、质量管理教育培训费、质量改进措施费、质量情报费、工序能力研究费等。

符合要求的代价：第一次就对必须支付的成本进行验证、产品测试、程序校准、预防性的维修保养等是质量成本的构成。

②由于产品质量未达到规定标准而发生的各种损失

主要有：内部故障成本（内部质量损失）：指在交货前，因未满足规定的质量要求所发生的费用。例如，废品、次品损失，翻修费用，复检费用，以及因质量事故而造成的停工损失等。

外部故障成本（外部质量损失）：指交货后，由于产品未满足规定的质量要求所发生的费用。例如，索赔损失，违约损失，降价处理损失，以及对废品、次品进行包修、包退、包换而发生的损失等。

（2）外部质量保证成本（间接质量成本）

外部质量保证成本指在合同条件下，根据用户提出的要求，为提供客观证据所支付的费用。研究质量成本是为了分析改进质量的途径，达到降低成本的目的，包括：为提供特殊附加的质量保证措施、程序、数据等所支付的费用；产品的验证试验和评定的费用；为满足用户要求，进行质量体系认证发生的费用等。

3. 质量成本的特点

一般认为，全部成本费用的 80% ~ 90% 是由内部失败成本和外部失败成本组成。提高监测费用一般不能明显改善产品质量，通过提高预防成本，第一次就把产品做好，可降低故障成本。实行预防为主的全面质量管理，可以降低质量成本总额。

较少的合理的预防成本投入可在降低失败成本上获得较多的增量收益。如企业员工的培训、校验以及完善设计方面的投入。

（三）生产成本、产品成本与质量成本

1. 生产成本

生产成本就是生产单位为生产产品或提供劳务而发生的各项生产费用，包括各项直接支出和制造费用。

直接支出包括直接材料（原材料、辅助材料、备品备件、燃料及动力等）、直接工资（生产人员的工资、补贴）、其他直接支出（如福利费）；制造费用是指企业内的分厂、车间为组织和管理生产所发生的各项费用，包括分厂车间管理人员工资、折旧费、维修费、修理费及其他制造费用（办公费、差旅费、劳保费等）。

2. 产品成本

产品成本是生产一种产品所消耗的费用，包括：人工成本（工资、福利、办公费）、机器设备成本（机器损耗、折旧、保养、维修）、原材料成本（原材料、外购品、办公用品、电，水）、生产工艺与管理方法成本（方法不当造成废品、方法不当造成工序时间加长），其他管理费、运输费质量成本是产品成本的一部分。

3. 质量成本与生产成本的区别

生产成本是指产品的制造成本，它包括原辅材料成本、能量动力、工人工资等成本内容。

质量成本是各项与质量相关管理活动的支出以及由于质量不足或超标引起的各种损失，即质量成本是指在生产过程中与不合格品密切相关的费用，并不包括与质量有关的全部费用。

正常情况下制造合格产品的费用，不属于质量成本构成，而属于生产成本。质量成本只针对生成过程的符合性质量而言。只有在设计已完成，质量标准已确定的条件下，才能开始质量成本计算。重新设计或改进设计以及用于提高质量等级或水平而发生的费用，不能计入质量成本。

二、质量成本的项目及核算方法

（一）质量成本的数据

1. 质量成本数据的条件

符合性质量成本。只有在设计已经完成、质量标准已经确定的条件下，才开始质量成本计算。对于重新设计或改进设计以及用于提高质量等级或水而发生的费用，不能计入质量成本。

与不合格品相关的质量成本。质量成本不是与质量有关的全部费用，例如生产工人的工资、材料消耗费、车间和企业管理费等与质量有关，便属于正常生产所必须具备的前提条件，不计入质量成本。

2. 质量成本数据的类型

（1）质量成本数据的记录
质量成本数据的记录指质量成本各科目在报告期内所发生的费用额。记录时应防止重复、避免遗漏。

（2）原始凭证
为正确记录质量成本数据，把质量成本的发生分成两类，即计划内和计划外。根据质量成本构成项目的特点，预防成本和鉴定成本划归计划内，而故障成本划归计划外。凡是计划内的质量成本只须按计划从企业原有的会计账目中提取数据，不必另外设计原始凭证。而故障成本可根据实际损失情况设计原始凭证，做好原始记录。

（二）质量成本的核算方法

企业质量成本未纳入会计科目，因而企业在进行质量成本核算时，既要利用管理会计的核算制度，又不能干扰企业会计系统的正常统计。因此，企业质量成本核算时，应按规定的工作程序对相关科目进行分解、还原、归集。

1. 统计核算方法

（1）质量成本统计调查

根据企业实际情况设置统计成本核算项目，按科目和细目设置质量费用调查表，并分项统计汇总。

（2）质量成本统计整理和报表编制

同一质量成本发生在本统计期内的，按实际的支出额进行核算；同一质量成本费用发生在若干期的，按一定分配率分摊各期的质量成本。

2. 以会计核算与统计核算相结合的核算方法

与质量相关的实际支出，由财务通过质量成本会计还原归集，并与品质管理部门核对。各种工时损失、废品损失、停工损失、产品降级损失等主要由各有关部门收集，质量管理部门核查后报财务部汇总。

三、质量成本的管理

质量成本管理是通过对质量成本进行统计、核算、分析、报告和控制，找到降低成本的途径，从而提高企业的经济效益。质量成本管理一般包括：1. 确定过程。初步用成本评估，针对高成本或无附加值的工作，从小范围着手分析造成的可能原因，耗力和耗财的过程为研究重点；2. 确定步骤。列出每个步骤或功能的流程图和程序，确定目标和时间；3. 确定质量成本项目。每个生产成本和质量成本，以及符合性和非符合性成本；4. 核算质量成本。从人工费、管理费等着手采用资源法或单位成本核算质量成本；5. 编制质量成本报告。分析测量出质量成本及其对构成和与销售额、利润等相关经济指标的关系，对整体情况做出判断，并根据有效性来确定过程改进区域等。

（一）质量成本预测与计划

1. 质量成本预测

质量成本的预测是质量成本计划的前提和基础工作，是企业质量决策依据。

（1）预测的目的

为企业提高产品质量和降低质量成本指明方向；为企业制订质量成本计划提供依据；为企业内部各部门指出降低质量成本的方向和途径。

（2）预测的分类

按预测时间的长短可分为短期预测和长期预测。一年以内的属于短期预测，用于近期的计划目标与控制；两年以上的属于长期预测，用于制定企业竞争战略。

（3）预测的准备工作

预测是对事物发展趋势的认识，需要掌握的观测数据和资料，包括消费者或用户资料、竞争对手资料、企业资料、技术性资料、国家或地方的宏观政策。

（4）预测的方法

质量成本预测要求对各成本构成的明细科目逐项进行，对不同科目采用不同的预测方法。

①经验判断法

当影响因素比较多，或者影响的规律比较复杂，难以找出数量性的函数关系，这时可以组织质量管理人员、财会人员和技术人员，根据已掌握的资料，凭借工作经验做预测。此外，对于长期质量成本预测也可以采用经验判断法。

②计算分析法

对收集的数据做数理统计后，能够找到内在的规律性的数学表达式，用来做预测。

2.质量成本计划

质量成本计划是在预测基础上，用货币量形式规定当生产符合质量要求的产品时，所需达到的质量费用消耗计划。质量成本计划的内容由数值化的目标和文字化的责任措施组成，主要包括质量成本总额及其降低率、四项质量成本的构成比例，以及保证实现计划的具体措施。

（1）数据部分的内容

质量成本总额和质量成本构成项目的计划；质量成本相关指标计划；质量成本结构比例计划；各责任部门的质量成本计划；各责任产品的质量成本计划。

（2）文字部分的内容

文字部分包括计划制度的说明、拟采取的计划措施、工作程序等。如企业内各责任部门质量管理的内容和责任；质量管理工作应避免的产品质量损失及其主要质量问题；实施质量改进的质量成本管理方案及相关工作程序。

（二）质量成本分析

质量成本分析可找出产品质量的缺陷和管理工作中的不足之处，为改进质量提出建议，为降低质量成本、调整质量成本结构、寻求最佳质量水平指出方向，为质量管理决策做方案准备。质量成本分析包括质量成本构成及趋势分析、报告期限质量成本计划指标执行情况与基期比较分析、典型事件分析等。

1.分析内容

质量成本分析通常分为质量成本总额分析、质量成本构成分析、质量成本与企业经济指标的比较分析以及故障成本分析。

（1）质量成本总额分析

企业质量成本总额相关指标的分析，是指将企业计划期内质量成本总额和计划年度内质量成本累计总额与企业其他有关的经营指标（如相对于企业销售收入、产值、利润等指标）进行比较，计算出产值质量成本率、销售质量成本率、利润质量成本率、总成本质量成本率和单位产品质量成本等。这些相关指标从不同的角度反映了企业质量成本与企业经营状况的数量关系，有利于分析和评价质量管理水平。

（2）质量成本构成分析

质量成本构成之间是互相关联的，通过计算质量成本的不同项目占运行质量成本的比例，分析企业运行质量成本的项目构成是否合理。

（3）质量成本与企业经济指标的比较分析

计算各项质量成本与企业的整体经济指标，如相对于企业销售收入、产值、利润等指标的比率，有利于分析和评价质量管理水平。例如，故障成本总额与销售收入总额的比率称为百元销售收入的故障率，反映了因产品质量而造成的经济损失对企业销售收入的影响程度。

（4）故障成本分析

故障成本发生的偶然因素较多，故障成本分析查找产品质量缺陷和管理工作者薄弱环节的主要途径。可从部门、产品、外部故障等不同角度进行分析。

①部门故障成本分析

寻找质量故障的原因，会涉及企业的各个部门，按部门分析可以直接了解各部门的质量管理工作状况。分析的方法是采用部门故障成本汇总金额 – 时间序列图或部门故障成本累计金额统计图。

②按产品分类做故障成本分析

按产品的故障成本分析，做 ABC 分类，可以发现质量问题较为严重的产品，把它作为质量工作的重点。例如，经 ABC 分析确定为 A 类的产品，其故障成本的比例可达70%。经过责任分析，目的在于发现 A 类产品质量管理中存在的问题。

③外部故障成本分析

同样的产品质量缺陷，交货前和交货后所造成的损失差别很大，外部损失远大于内部损失。一般从以下三方面进行分析。

做质量缺陷分类分析：分析产品的主要缺陷和对应的质量管理工作的薄弱环节。

按产品分类做 ABC 分析：占外部故障成本总额 70% 左右的产品属于 A 类，占 25% 左右为 B 类，其余为 C 类，从中找出外部故障成本较高的产品作为重点研究对象。

按产品的销售区域分析：不同的地理环境和人群可能引起不同的故障。

2. 分析方法

质量成本分析可采用定性和定量相结合的方法。定性质量成本分析可以加强企业质量成本管理工作的科学性，提高企业员工的质量意识，推动企业质量管理工作。

定量的质量成本分析可以精确地计算，以求得确切的经济效果。定量分析包括指标分析法、趋势分析法、排列图分析法。

（1）指标分析法

质量成本分析的指标法分为计算增减值和增减率两大类。设 C 为质量成本总额在计划期与基期的差额，即

C= 基期质量成本总额 – 计划期质量成本总额

设其增减率为 P，则有

P=C/ 基期质量成本总额 ×100%

（2）趋势分析法

企业质量成本总额的趋势分析，是指将企业质量成本总额的计划目标分析和相关指标分析中的各种计算结果分别按时间序列作图，分析各种指标值的变动情况，直观推断企业质量成本的变化趋势。趋势分析目的是为了掌握企业质量成本在一定时期内的变化趋势，分为 1 年内各月的变化情况短期趋势分析和 5 年以上的长期趋势分析。

趋势分析采用表格法和作图法两种形式。前者以具体的数值表达，准确明了；后者以曲线表达，直观清晰。

（3）排列图分析法

使用排列图分析不同原因引起损失的大小，找出影响质量成本的主要问题。质量成本分析中按质量成本大小排列。

（三）质量成本报告

质量成本报告是在质量分析的基础上形成的书面文件，是企业质量成本分析活动的总结性文件，为企业制定质量政策、开展质量改进活动提供依据。质量成本报告有利于企业评价质量管理的适用性和有效性，识别需要关注的区域和问题，修订并确定质量目标和质量成本目标。

l. 报告的基本内容

报告一般包括质量成本发生额的汇总额度、原因分析和质量改进对策三大内容，具体包括：质量成本计划执行和完成情况与基期的对比分析；质量成本的四项构成比例变化分析；质量成本与主要经济指标的效益比较分析；典型事例和重点问题的分析以及处理意见；对质量问题的改进建议。

（1）质量成本数据

质量成本报告中的质量成本数据分以下四个方面：质量成本核算数据、质量成本相关指标、质量损失的各种归集、质量成本差异归集。其中，质量成本核算数据为企业计划期内产值质量成本率、销售质量成本率、利润质量成本率、总成本质量成本率和单位质量成本。计算公式为：

产值质量成本率 = 质量成本总额 / 产值总额 ×100%

销售质量成本率 = 质量成本总额 / 销售收入总额 × 100%

利润质量成本率 = 质量成本总额 / 销售利润总额 × 100%

总成本质量成本率 = 质量成本总额 / 企业成本总额 × 100%

单位产品质量成本 = 质量成本总额 / 合格产品产量 × 100%

（2）质量成本分析

质量成本报告中的质量成本分析包括质量成本总额分析、质量成本构成项目分析、质量损失分析和质量成本差异分析等内容。

2. 报告的形式

质量成本报告按时间采用定期报告和不定期报告；书面形式采用报表式、图表式和陈述式。

（1）报表式

报表式最常用的质量成本报告方式。其采用表格形式整理和分析数据，具有简单明了、准确性高、综合性强的特点。

（2）图表式

图表式技术人员常采用的一种方法。其采用时间序列图、因果分析图等图示方式整理和分析数据，具有醒目、形象、简单的特点。

（3）陈述式

陈述式通过文字方式来描述企业质量成本发生的状况、问题和改进建议。具有表达全面、详细、易懂的特点。

企业编制年度质量成本报告时，采用三种形式混用，而月度报告可以单独采用一种方式。质量成本报告提示企业质量问题、阐述企业质量改进方向，力求准确、简明、易懂。

（四）质量成本控制与考核

1. 质量成本控制

质量成本控制是以质量计划所制定的目标为依据，以降低成本为目标，把影响质量总成本的各个质量成本项目控制在计划范围内的一种管理活动，是质量成本管理的重点。质量成本控制是完成质量成本计划、优化质量目标、加强质量管理的主要手段。

（1）质量成本控制的步骤

①事前控制

确定质量成本项目控制标准。采用限额费用控制等方法，将质量成本计划目标分解，落实到单位、班组、个人，以便对费用开支进行检查和评价。

②事中控制

按生产经营全过程，即开发、设计、采购、生产、销售服务等阶段，提出质量费用要求，分别进行控制，以便发现问题和采取措施，这是监督控制质量成本目标的重点和有效的控制手段。

③事后控制

查明实际质量成本偏离目标值的问题和原因，在此基础上提出切实可行的措施，以便改进质量、降低成本。

（2）质量成本控制的方法

质量成本控制的方法一般采用限额费用控制；围绕生产过程重点提高合格率水平；运用改进区、控制区、过剩区的划分方法进行质量改进、优化质量成本；运用价值工程原理进行质量成本控制。企业应针对自己的情况选用适合本企业的控制方法。

2. 质量成本考核

质量成本考核就是定期对质量成本责任单位和个人考核其质量成本指标完成的情况，评价其质量成本管理的成效，是实行质量成本管理的关键之一。企业建立质量成本考核指标考核体系应遵循以下原则：

（1）全面性原则

产品质量的形成贯穿于开发、设计、生产到销售服务的全过程。因此必须有完整的指标体系反映质量成本状况，进行全面综合的评价和分析。最终产品质量是各方面工作的综合体现，同时，质量的效用性是质量的主要方面，是质量的物质承担者。因此，质量成本考核指标应以产品的实物质量为核心。

（2）系统性原则

质量成本考核系统是质量管理系统中的一个子系统，而质量管理系统又是企业管理系统中的一个子系统，质量成本考核指标与其他经济指标是相互联系、相互制约的关系，分析子系统的状况，能促使企业不断降低质量成本，起到导向的作用。

（3）有效性原则

质量成本考核指标体系的有效性，是指所设立的指标要具有可比性、实用性、简明性。可比性是指质量成本考核指标可以在不同范围、不同时期内进行横向的动态比较；实用性是指考核指标均有处可查，有数据可计算，可定量考核，并相对稳定；简明性就是要求考核指标简单易行、定义简明精练，考核计算简便易行。

（4）科学性原则

企业质量成本考核对改进和提高产品质量、降低消耗，提高企业经济效益具有重要的实际意义。因此，质量成本考核指标体系必须具有科学性。其科学性是指考核指标项目的定义范围明确，有科学依据，符合实际，真实反映质量成本的实际水平。

根据上述原则建立企业的质量成本考核指标体系是完善的，能够比较全面地、系统地、真实地反映质量成本的实际水平，为企业综合评价和分析提供决策、控制和引导的科学依据。

第三章　食品的物理检验技术

第一节　相对密度的测定

一、密度和相对密度的概念

（一）密度

密度是指在一定温度下，单位体积物质的质量，以符号 ρ 表示，其单位为 g/mL。

（二）相对密度

相对密度是指某一温度下物质的质量与同体积某一温度下水的质量之比，以符号 $d_{t_2}^{t_1}$ 表示。而液体的相对密度是指液体在 20℃时的质量与同体积的水在 4℃时的质量之比，以符号 d_4^{20} 表示。在实际工作中，用密度计或密度瓶测定溶液的相对密度时，通常在同温度下测定较为方便，测定温度通常为 20℃，即测得 d_{20}^{20}。它们之间的关系可用下式表示：

$$d_4^{20} = d_{20}^{20} \times \rho_{20}$$

式中 ρ_{20}——20℃时纯水的密度，数值为 0.998 230 g/mL。

二、相对密度测定的意义

相对密度是物质重要的物理常数，各种液态食品都有其一定的相对密度，当其组成成分及浓度发生改变时，其相对密度也发生改变，故测定液态食品的相对密度可以检验食品的纯度和浓度。例如，全脂牛奶的相对密度为 1.028 ~ 1.032，压榨植物油的相对密度为 0.909 0 ~ 0.929 5 等。

三、韦氏相对密度天平法测定食品的相对密度

韦氏相对密度天平法测定食品的相对密度可参照《食品安全国家标准食品相对密度的

测定》（GB/T 5009.2—2016）。

（一）测定原理

20℃时，分别测定玻锤在水及试样中的浮力，由于玻锤所排开的水的体积与排开的试样的体积相同，利用玻锤在水中与试样中的浮力可计算试样的密度，试样密度与水密度比值为试样的相对密度。

（二）仪器

韦氏相对密度天平如图 3-1 所示。

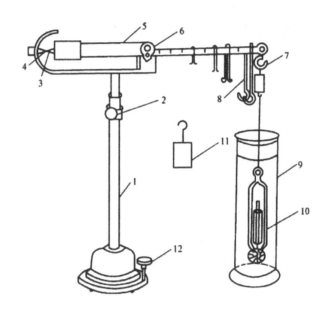

图 3-1　韦氏相对密度天平

1—支架；2—升降调节旋钮；3、4—指针；5—横梁；

6—刀口；7—挂钩；8—游码；9—玻璃圆筒；

10—玻锤；11—砝码；12—调零旋钮

（三）分析步骤

测定时将支架置于平面桌上，横梁架于刀口处，挂钩处挂上砝码，调节升降旋钮至适宜高度，旋转调零旋钮，使指针吻合，然后放下砝码，挂上玻锤，在将玻璃圆筒内加水至 4/5 处，使玻锤沉于玻璃圆筒内，调节水温至 20℃（即玻锤内温度计指示温度），试放四种游码，使横梁上两指针吻合，读数为 P_1，然后将玻锤取出擦干，加欲测试样于干净圆筒中，使玻锤浸入以前相同的深度，保持试样温度在20℃，试放四种游码，至横梁上两指针吻合，记录读数为P_2。玻锤放入圆筒内时，勿使碰到圆筒四周及底部。

（四）分析结果表述

试样的相对密度按下式进行计算：

$$d = \frac{P_2}{P_1}$$

式中 d ——试样的相对密度；

P_1 ——玻锤浸入水中时游码的读数（g）；

P_2 ——玻锤浸入试样中时游码的读数（g）；

计算结果表示到称量天平的精度的有效数位（精确到0.001）。

在重复性条件下获得的两次独立测定结果的绝对差值不得超过算术平均值的5%。

四、任务实施

利用韦氏相对密度天平测定花生油的相对密度。

（一）操作流程

支架置于桌面→横梁架于刀口处→砝码挂在挂钩上→调节升降旋钮→调节调零旋钮→取下砝码→挂上玻锤→玻璃圆筒内注入20℃的水→放置游码至指针吻合→取出玻锤擦干→注入20℃的花生油于玻璃筒中→放置游码至指针吻合→数据记录

（二）操作要点

（1）韦氏相对密度天平配备与玻锤等重的砝码，在安装天平时，使用砝码调节天平的平衡，取下等重砝码，换上玻锤后，天平应保持平衡。

（2）取用玻锤时必须十分小心，玻锤放入玻璃圆筒时不得碰壁，必须悬挂于水和试样中，且浸没高度一致。

（3）天平达到平衡后，在整个测定过程中都不能移动位置，不得松动任何螺钉，否则必须重新调节平衡后方可使用。

（4）倒出玻璃圆筒内的水后，再用乙醇，后用乙醚将玻锤、玻璃圆筒、温度计上的水除掉，再吹干。

（5）若要在天平横梁上的同一个V形槽放置2个游码，要将小游码放在大游码的脚钩上。

五、拓展提升

密度计是根据阿基米德定律制成的。将待测液体倒入一个较高的容器，再将密度计放入液体中。密度计下沉到一定高度后呈漂浮状态。此时液面的位置在玻璃管上所对应的刻度就是该液体的密度。测得试样和水的密度的比值即相对密度。

各种密度计的刻度是利用各种不同密度的液体标度的，所以从密度计上的刻度就可以直接读取相对密度的数值或某种溶质的百分含量。食品工业中常用的密度计按其标度方法的不同，可分为普通密度计、糖锤度计、乳稠计、酒精计等，如图 3-2 所示。

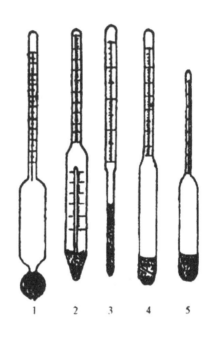

图 3-2　各种密度计

1—糖锤度计；2—附有温度计的糖锤度计；

3、4—波美计；5—酒精计

（一）普通密度计

普通密度计以 20℃时的相对密度值为刻度，以 20℃为标准温度。通常由几支刻度范围不同的密度计组成一套。刻度值小于 1（0.700 ~ 1.000）的称为轻表，用于测定比水轻的液体；刻度值大于 1（1.000 ~ 2.000）的称为重表，用于测定比水重的液体。

（二）糖锤度计

糖锤度计是专用于测定糖液浓度的密度计，是以蔗糖溶液中蔗糖的质量分数为刻度的，以°Bx 表示。其标度方法是以 20℃为标准温度，在蒸馏水中为 0°Bx，在 1% 纯蔗糖溶液中为 1°Bx，在 2% 纯蔗糖溶液中为 2°Bx，以此类推。糖锤度计的刻度范围有多种，常用的有 0 ~ 6°Bx、5 ~ ll°Bx、10 ~ 16°Bx、15 ~ 21°Bx 等。

若实测温度不是标准温度 20℃，则应进行温度校正。当测定温度高于 20℃时，因糖液体积膨胀导致相对密度减小，即锤度降低，故应加上相应的温度校正值，反之，则应减去相应的温度校正值。

（三）乳稠计

乳稠计是专用于测定牛乳相对密度的密度计，测量相对密度的范围为 1.015 ~ 1.045。刻度是将相对密度值减去 1.000 后再乘以 1 000，以度来表示，符号为°，刻度范围即 15°~ 45°。乳稠计按其标度方法不同分为两种：一种是按 20°/4°标定的，另一种是按 15°/15°标定的。两者的关系是：后者读数是前者读数加 2，即 $d_{15}^{15} = d_4^{20} + 0.002$。

使用乳稠计时，若测定温度不是标准温度，应将读数校正为标准温度下的读数。对于 20°/4°乳稠计，在 10 ~ 25℃范围内，温度每升高 1℃，乳稠计读数平均下降 0.2°，即相当于相对密度值平均减小 0.002。故当乳温高于标准温度 20℃时，每高 1℃应在得出的乳稠计读数上加 0.2°；乳温低于 20℃时，每低 1℃应减去 0.2°。

（四）酒精计

酒精计是用来测量酒精浓度的密度计，用已知浓度的纯酒精溶液来标定刻度。其刻度的标定方法是以 20℃为标准温度，在蒸馏水中为 0，在 1%（体积分数）的酒精溶液中为 1，即 100 mL 酒精溶液中含乙醇 1mL，可以从酒精计上直接读出酒精溶液的体积分数。

第二节 折射率的测定

一、折射和折射率的概念

（一）光的折射

光线从一种介质（如空气）射到另一种介质（如水）时，除了一部分光线反射回第一种介质外，另一部分光线进入第二种介质中并改变它的传播方向，这种现象叫光的折射。

（二）折射率

对某种介质来说，入射角正弦与折射角正弦之比恒为定值，此值称为该介质的折射率。两种介质相比，光在其中传播速度较大的叫光疏介质，其折射率较小；反之叫光密介质，其折射率较大。

二、折射率测定的意义

折射率是物质的特征常数之一，每一种均匀液体物质都有其固定的折射率。对于同一物质溶液来说，其折射率的大小与其浓度成正比。因此，通过测定物质的折射率可以鉴别食品的组成，确定食品的纯度、浓度及判断其品质。

正常情况下，某些液态食品的折射率有一定的范围，如牛乳乳清的折射率为1.34199 ~ 1.34275（20℃），芝麻油的折射率为1.4692 ~ 1.4791（20℃），蜂蜡的折射率为L4410 ~ 1.4430（75℃）。当这些液态食品由于掺杂或品种改变等引起食品的品质发生改变时，折射率常常会发生变化，故测定折射率可以初步判断食品是否变质或掺假。

每种脂肪酸均有其特定的折射率。含碳原子数目相同时，不饱和脂肪酸的折射率比饱和脂肪酸的折射率大得多；不饱和脂肪酸相对分子质量越大，折射率越大；油脂酸度越高，折射率越小。因此，测定折射率可以用来鉴别油脂的组成和品质。

蔗糖溶液的折射率随浓度的增大而升高，通过测定折射率可以确定糖液的浓度及含糖饮料、糖水罐头等食品的糖度，还可以测定以糖为主要成分的果汁、蜂蜜等食品的可溶性固形物含量。必须指出的是，如溶液中含有悬浮物，因固体粒子不能在折射仪上反映出它的折射率，故折射率只能测得溶液中的可溶性固形物含量。但对于番茄酱、果酱等个别食品，可通过折射法测定其可溶性固形物含量后，再查特制的经验表得到总固形物含量。

三、常用的折射仪

折射仪是测定各种物质折射率的仪器，其原理是利用测定临界角以求得样品溶液的折射率。大多数的折射仪可直接读取折射率，不必由临界角间接计算。折射仪上除了折射率的刻度尺外，通常还有一个直接表示出折射率相当于可溶性固形物百分数的刻度尺，使用方便。常用的折射仪有阿贝折射仪和手持式折射计。

（一）阿贝折射仪

阿贝折射仪的结构如图3-3所示。

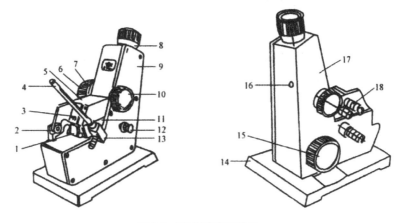

图 3-3 阿贝折射仪的结构

1—反射镜；2—转轴折光棱镜；3—遮光板；4—温度计；5—进光棱镜；

6—色散调节手轮；7—色散值刻度圈；8—目镜；9—盖板；10—棱镜锁紧手轮；11—折射棱镜座；12—照明刻度
盘聚光镜；13—温度计座；14—底座；15—折射率刻度调节手轮；16—调节物镜螺钉孔；17—壳体；18—恒温器接头

阿贝折射仪的折射率刻度范围为 1.3000 ~ 1.7000，测量精确度为 ±0.0003，可测糖溶液浓度或固形物范围为 0 ~ 95%，测定温度为 10 ~ 50℃的折射率。

（二）手持式折射计

手持式折射计是一种常用于测量蔗糖浓度的专用折射计，所测得的蔗糖浓度也称为折射锤度。手持式折射计由一个棱镜、一个盖板及一个观测镜筒组成，如图 3-4 所示。手持式折射计的测定范围通常为 0 ~ 90%，刻度标准温度为 20℃，若测量是在非标准温度下，则需进行温度校正。该仪器操作简单，便于携带，常用于生产现场检验。

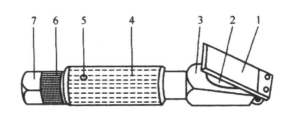

图 3-4 手持式折射计

1—盖板；2—检测棱镜；3—棱镜座；4—望远镜筒和外套；

5—调节螺钉；6—视度调节圈；7—目镜

四、折射率的测定方法

折射率的测定方法可参照《动植物油脂折光指数的测定 XGB/T 5527—2010/ISO 6320：2000》及《动植物油脂试样的制备 MGB/T 15687—2008/ISO 661：2003》。

该法适用于动植物油折光指数的测定。

（一）原理

在规定温度下，用折光仪测定液态试样的折光指数。

（二）试剂

仅使用分纯析试剂、蒸馏水、去离子水或相同纯度的水。

（1）月桂酸乙酯：适用于测定折光指数，已知折光率。

（2）已烷或其他合适溶剂，如石油醚、丙酮或甲苯，用于清洗折射仪棱镜。

（三）仪器和设备

实验室常用仪器主要有：

（1）折光仪：折光指数如测定范围 1.300 ~ 1.700，折光指数可读至 ±0.000 1，如 Abbe 型。

（2）光源：钠蒸气灯。如果折射仪装有消色差补偿系统，也可使用白光。

（3）标准玻璃板：已知折光指数。

（4）水浴：带循环泵和恒温控制装置，控温精度为 ±0.1℃。试样为固体时，能保持测定所需的温度。

（四）试样制备

（1）澄清、无沉淀物的液态样品。振摇装有实验室样品的密闭容器，使样品尽可能均匀。

（2）浑浊或有沉淀物的液态样品。当对水分、挥发物、不溶性杂质、任何需要使用但未过滤的样品进行测定时，剧烈摇动装有实验室样品的密闭容器，直至沉淀物从容器壁上完全脱落后，立即将样品转移到另一容器，检查是否还有沉积物黏附在容器壁上，如果有，则须将沉淀物完全取出（必要时打开容器），并入样品中。

测定所有的其他项目时，将装有实验室样品的容器置于 50℃干燥箱内，当样品温度达到 50℃后振摇容器，使样品尽可能均匀。如果加热混合后样品没有完全澄清，可在 50℃恒温干燥箱内将油脂过滤或用热过滤漏斗过滤。为避免脂肪物质因氧化或聚合而发生变化，样品在干燥箱内放置时间不宜太长。过滤后的样品应完全澄清。

（3）固态样品。当对水分和挥发物、不溶性杂质或任何需要使用但未过滤的样品进行测定时，为了保证样品尽可能均匀，可将实验室样品缓慢加热到刚好可以混合后，再充分混匀样品。

测定所有其他项目时，将干燥箱温度调节到高于油脂熔点10℃以上，在干燥箱中融化实验室样品。如果加热后样品完全澄清，则振摇以使样品混合均匀。如果样品浑浊或有沉积物，须在相同温度的干燥箱内进行过滤或用热过滤漏斗过滤。过滤后的样品应完全澄清。

（五）分析步骤

（1）仪器校正。按仪器操作说明书的操作步骤，通过测定标准玻璃板的折光指数或测定月桂酸乙酯的折光指数，对折射仪进行校正。

（2）测定。在下列一种温度条件下测定试样的折光指数：

20℃，适用于该温度下完全液态的油脂；

40℃，适用于20℃下不能完全融化，40℃下能完全融化的油脂；

50℃，适用于40℃下不能完全融化，50℃下能完全融化的油脂；

60℃，适用于50℃下不能完全融化，60℃下能完全融化的油脂；

80℃以上，用于其他油脂，如完全硬化的脂肪或蜡。

①让水浴中的热水循环通过折光仪，使折光仪棱镜保持在测定要求的恒定温度。

②用精密温度计测量折光仪流出水的温度。测定前，将棱镜可移动部分下降至水平位置，先用软布，再用溶剂润湿的棉花球擦净棱镜表面，让其自然干燥。

③依照折光仪操作说明书的操作步骤进行测定，读取遮光指数，精确至0.000 1，并记下折光仪棱镜的温度。

④测定结束后，立即用软布和溶剂润湿的棉花球擦净棱镜表面，让其自然干燥。

⑤测定折光指数两次以上，计算测定结果的算术平均值，作为最终测定结果。

（六）分析结果表述

如果测定温度t_1与参照温度t之间的差异小于3℃，则按下式计算在参照温度t下的折光指数n_D^t。

$$n_D^t = n_D^{t_1} + (t_1 - t)F$$

式中t_1——测定温度（℃）；

t——参照温度（℃）；

F——校正系数：

当t =20℃时，F 为0.000 35；

当t =40℃、50 ℃、60℃时，F 为0.000 36；

当$t \geqslant$ 80℃时，F 为0.000 37。

如果测定温度 t_1 与参照温度 t 之间的差异大于或等于 3℃时，则须重新进行测定。测定结果取至小数点后第 4 位。

五、任务实施——花生油折射率的测定

（一）操作流程

试样制备→仪器安装→校正→取样→测定→读数→记录

（二）操作要点

（1）将折射仪安放在光亮处，但应避免阳光的直接照射，以免液体试样受热迅速蒸发。

（2）若在傍晚或光线不足的室内，或对颜色较深的样品宜用反射光进行测定，以减少误差。方法是调整反光镜，使光线从进光棱镜射入，同时揭开折射棱镜的旁盖，使光线由折射棱镜侧孔射入。

（3）严禁用手触及光学零件，如光学零件不清洁，可用己烷或石油醚擦干净。

（4）待测样品若有杂质或悬浮物，应先进行样品处理，滤出杂质或悬浮物后再进行测量。

（5）读数时，应将明暗界线调到目镜十字交叉点上。

（6）每次测量后必须用洁净的软布揩拭棱镜表面，油类用己烷、石油醚或甲苯等轻轻揩净。

（7）仪器使用完毕后，应做好清洁工作，并放入储有干燥剂的箱内。仪器应放在干燥、空气流通的室内，防止光学零件受潮发霉。

第三节　旋光度的测定

一、旋光性和旋光度的概念

（一）旋光性

具有光学活性的物质，由于其分子结构的不对称而使分子和镜像不能叠合，当偏振光通过这一类物质时，偏振面旋转了一个角度，光学物质的这种性质称为旋光性。

（二）旋光度

偏振光通过旋光物质或其溶液时，其振动平面所旋转的角度称为该物质溶液的旋光度。

二、旋光度测定的意义

旋光法可以用于各种光学活性物质的定量测定或纯度检验，甚至可测定旋光物质的反应速率常数。许多食品成分都具有光学活性，如单糖、蔗糖、低聚糖、淀粉以及大多数的氨基酸等，通过测定其旋光度，可计算出待测物质的含量。

三、旋光仪

测定手性化合物旋光度的仪器称为旋光仪。目前使用的旋光仪有两种类型，一种是目视旋光仪，另一种是数显旋光仪。制糖工业中广泛使用的糖度旋光仪（又称检糖计），则属于其中一种，专用于糖分测定。

（一）目视旋光仪

目视旋光仪的结构及工作原理分别如图 3-5、图 3-6 所示。它采用目视瞄准、手动测量的方法，使用简便。

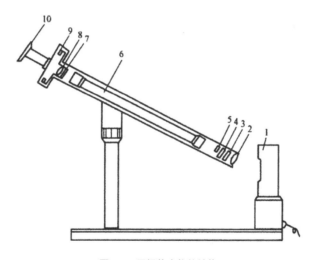

图 3-5　目视旋光仪的结构

1—光源；2—会聚透镜；3—滤光片；

4—起偏器；5—石英片；6—测试管；

7—检偏镜；8—望远镜；9—刻度盘；10—望远镜目镜

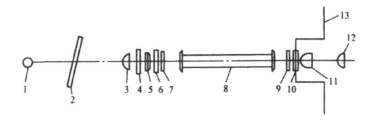

图 3-6 目视旋光仪的工作原理

1—钠光源；2—毛玻璃；3—聚光灯；4—滤光片；5—起偏器；6—半荫片；

7、9—保护玻璃；8—旋光测定管；10—检偏镜；

11—物镜；12—目镜；

13—读数盘

圆盘旋光仪是最常用的一种目视旋光仪。考虑视觉特征，采用半荫片技术检测偏振方向，采用游标技术读取十分之一度以下角度，采用对称双游标，以消除角度读数盘偏心误差。起偏器一般用尼科尔棱镜，以获得偏振光；旋光管是盛装待测液的玻璃管；检偏镜仍用尼科尔棱镜，用以检测从旋光管射出的偏振光振动平面与原来相比较的角度（可由刻度盘上的数值读出）。

（二）检糖计

检糖计的基本光学元件如图 3-7 所示。它专用于糖分测定。根据国际糖度标尺，按糖度（°Z）刻度，测量范围为 –30 ~ +12°Z。

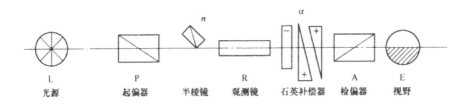

L	P	半棱镜	R	石英补偿器	A	E
光源	起偏器		观测镜		检偏器	视野

图 3-7 检糖计的基本光学元件

四、旋光度的测定方法

该方法适用于测定香料的旋光度，当被测定的香料在室温下呈固体、半固体或黏度很大、颜色很深时，用香料的溶液测定。

（一）测定原理

在规定的温度条件下，波长为 589.3 ± 0.3 nm（相当于钠光谱 D 线）的偏振光穿过厚度为 100nm 的香料时，偏振光振动平面发生旋转的角度，用毫弧度或角的度数来表示。若在不同厚度进行测定，其旋光度应换算为 100nm 厚度的值。

（二）试剂

（1）所用试剂均为分析纯试剂，水为蒸馏水或纯度相当的水。

（2）溶剂（仅在测定香料的比旋光度时使用）：最好使用 95%（体积分数）的乙醇。使用前应先检查所使用的溶剂的旋光度，应为 0°。

（三）仪器和设备

I. 旋光仪

精度至少为 ±0.5 毫弧度（±0.03°），用水调整到 0°和 180°。

旋光仪应该用已知旋光度的石英片进行校验，如果没有石英片，就用每 100 mL 中含 26.00g 无水纯净蔗糖的水溶液来校验。此溶液在 20℃、厚度为 200 nm 时的比旋度应为 +604 毫弧度（+34.62°）。

此仪器应在稳定状态下使用，非电子型仪器应在黑暗中使用。

2. 光源

任何波长为 589.3 ± 0.3 nm 的光源均可使用，最好是钠蒸气灯泡。

3. 旋光管

通常长度为 100 ± 0.5 nm。

当测定低旋光度的浅色试样时，可使用长度为 200 ± 0.5 nm 的旋光管。当测定深色试样时，如有必要，可使用长度为 50 ± 0.05 nm 或 10 ± 0.05 nm 的旋光管，甚至更短的旋光管。

在 20℃或其他规定的温度下测定，应使用配有温度计的双壁管，以确保水在所需温度下循环。

对于常温测定，可使用上述旋光管，也可使用其他任何类型的旋光管。

4. 温度计

测量范围在 10 ~ 30℃，具有 0.2℃或 0.1℃的分刻度。

5. 恒温控制器

用以将试样的温度控制在 20 ± 0.2℃或其他规定的温度。

（四）分析步骤

1. 试样制备

如有必要对试样进行干燥，按《香料试样制备 MGB/T 14454.1—2008》的规定。当测定比旋光度时，应按有关香料产品标准中规定的浓度和溶剂配制该香料产品的溶液。

2. 测定

接通光源，待其至充分亮度。

如有必要，可将试样的温度调至 20 ± 1℃或其他规定的温度，然后将试样注入同等温度的适当的旋光管中。在恒温控制下，开始水循环，使旋光管在测试过程中保持在规定的温度（ ± 0.2℃）。

将试样注满旋光管，确保管中无气泡。

将旋光管放入旋光仪，根据仪器上的刻度读出香料右旋（+）或左旋（−）旋光度。

3. 测定次数

同一试样至少测定三次。

三次测定的值相互之差不得大于 1.4 毫弧度（0.08°）。取三次读数的平均值即为所测结果。

（五）分析结果表述

（1）按下式计算旋光度 α_D^t，用毫弧度和（或）角的度数表示：

$$\alpha_D^t = \frac{A}{L} \times 100$$

式中 A——偏转角的值［毫弧度和（或）角的度数］；

L——旋光管的长度（mm）。

右旋用（+）表示，左旋用（−）表示。

当不具备水循环双壁旋光管时，应对被测香料使用合适的校正系数加以校正（如柑橘油类及其他一些精油的校正系数是已知的）。

注：这些校正系数将在有关香料的产品标准中给出。

（2）按下式计算比旋度［ α ］，用毫弧度和（或）角的度数表示：

$$[\alpha] = \frac{\alpha_D^t}{c}$$

式中 α_D^t ——香料溶液的旋光度；

　　c ——香料溶液的浓度（g/mL）。

平行试验结果允许误差为 0.2°。

五、任务实施——柑橘油类香精旋光度的测定

（一）操作流程

样液制备→仪器安装→校正→取样→测定→读数→记录

（二）操作要点

（1）装入样液前，先用蒸馏水将观测管冲洗干净，再以样液冲洗 2 ~ 3 次，然后盛满样液。如管内附有乙酸铅粉污垢，可用 10% ~ 20% 冰乙酸（如必要时可用稀盐酸）洗涤之后再用蒸馏水冲洗洁净。

（2）观测管内样液不得混有气泡，以免引起测量误差。

（3）使用后将样液倒出，即以蒸馏水冲洗洁净并盛满置于铺有软棉布的操作台上。

（4）必须定时用蒸馏水检查观测管的盖片是否有旋光性，否则须清洁干净并予以校正。

（5）不得用手把持观测管（应把持三通上方），以防样液受热、温度升高而引起的误差。

（6）观测管的螺旋帽不可旋得过紧，以免在盖玻璃片产生应力影响测量结果。

（7）必须先将管身及两端螺旋帽和帽内盖玻片擦干，再进行测定，以免造成误差。

第四章　食品添加剂的检验技术

第一节　食品添加剂理论

一、食品添加剂的定义

食品添加剂的定义是指为改善食品品质和色、香、味以及为防腐、保鲜和加工工艺的需要而加入食品中的人工合成或者天然物质。

食品添加剂具有三个特征：一是食品添加剂是加入食品中的物质，因此，它一般不单独作为食品来食用；二是它既包括人工合成的物质，也包括天然物质；三是它加入食品中的目的是为改善食品品质和色、香、味以及出于防腐、保鲜和加工工艺的需要。

二、食品添加剂的作用

（一）有利于提高食品的质量

随着人们的生活水平日益提高，人们对食品的品质要求也越来越高，不但要求食品有良好的色、香、味、形，而且还要求食品具有合理的营养结构。这就需要在食品中添加合适的食品添加剂。食品添加剂对食品质量的影响主要有以下三个方面：

l. 提高食品的储藏性，防止食品腐败变质

大多数食品都来自动植物，对于各种生鲜食品，若不能及时加工或加工不当，往往会发生腐败变质，失去原有的食用价值。适当地使用食品添加剂，可以防止食品的败坏，延长保质期。例如抗氧化剂可阻止或推迟食品的氧化变质，以提供食品的稳定性和耐藏性，在油脂中加入抗氧化剂就是防油脂氧化变质；防腐剂可以防止由微生物引起的食品腐败变质，延长食品的保存期，同时还具有防止由微生物污染引起的食物中毒作用，在酱油中加入防腐剂苯甲酸就是为防止酱油变质。

2.改善食品的感官性状

食品的色、香、味、形态和质地是衡量食品质量的重要指标。在食品加工中，若适当使用护色剂、着色剂、漂白剂、食用香料及增稠剂、乳化剂等食品添加剂，能改良食品的形态和组织结构，可以明显提高食品的感官性状。例如着色剂可赋予食品诱人的色泽，增稠剂可赋予饮料所要求的稠度。

3.保持和提高食品的营养价值

食品质量的高低与其营养价值密切相关。防腐剂和抗氧化剂在防止食品腐败变质的同时，对保持食品的营养价值也有一定的作用。在加工食品中适当地添加食品营养强化剂，可以大大提高食品的营养价值。这对防止营养不良和营养缺乏、促进营养平衡具有重要意义。例如，人们喜爱的精制的粮食制品中都会缺乏一定的维生素，若用食品添加剂来补充维生素，可使精制食品的营养更合理。

（二）有利于食品加工，适应生产的机械化和自动化

在食品的加工中使用食品添加剂，有利于食品加工。如面包加工中，膨松剂是必不可少的基料；制糖工业中添加乳化剂，可缩短糖膏煮炼时间，消除泡沫，提高过饱和溶液的稳定性，使晶粒分散、均匀，降低糖膏黏度，提高热交换系数，稳定糖膏，进而提高糖果的产量与质量；采用葡萄糖酸内酯做豆腐的凝固剂，有利于豆腐生产机械化和自动化。

（三）有利于满足不同特殊人群的需要

研究开发食品必须考虑如何满足不同人群的需要，对于糖尿病病人的一些食品，可以用无热量或低热量的非营养性食品甜味剂，例如糖醇类甜味剂山梨糖醇、非糖天然甜味剂甜菊糖、人工合成甜味剂天门冬酰苯丙氨酸甲酯等可通过非胰岛素机制进入果糖代谢途径，实验证明它不会引起血糖升高，所以是糖尿病人的理想甜味剂。

（四）有利于原料的综合利用

各类食品添加剂使原来认为只能被丢弃的东西得到重新利用，并开发出物美价廉的新型食品。例如，食品厂制造罐头的果渣、菜浆经过回收，加工处理，而后加入适量的维生素、香料等添加剂，可制成便宜可口的果蔬汁。又如生产豆腐的副产品豆渣，加入适当的添加剂，可以生产出膨化食品。

总之，食品添加剂成就了现代食品工业。添加和使用食品添加剂是现代食品加工生产的需要，对于防止食品腐败变质，保证食品供应，繁荣食品市场，满足人们对食品营养、质量以及色、香、味的追求，起到了重要作用。食品添加剂已成为食品加工行业中的"秘密武器"。

三、食品添加剂的分类

食品添加剂有多种分类方法。

按来源分，食品添加剂可分为天然食品添加剂和化学合成食品添加剂两类。前者是指利用动植物或微生物的代谢产物等为原料，经提取所获得的天然物质。后者是指利用各种化学反应如氧化、还原、缩合、聚合、成盐等得到的物质。其又可分为一般化学合成品与人工合成天然等同物，如 β–胡萝卜素、叶绿素铜钠就是通过化学方法得到的天然等同色素。

由于各国对食品添加剂的定义不同，因而分类也有所不同，且食品添加剂在开发和应用过程中，它的分类也不断地变动和完善。

食品添加剂按功能分为：01 酸度调节剂、02 抗结剂、03 消泡剂、04 抗氧化剂、05 漂白剂、06 膨松剂、07 胶基糖果中基础剂物质、08 着色剂、09 护色剂、10 乳化剂、11 酶制剂、12 增味剂、13 面粉处理剂、14 被膜剂、15 水分保持剂、16 营养强化剂、17 防腐剂、18 稳定和凝固剂、19 甜味剂、20 增稠剂、21 食品用香料、22 食品工业用加工助剂、23 其他，共 23 类。

我国卫生部还将不定期地以公告形式公布新批准的食品添加剂名单及其使用范围、使用限量。

四、食品添加剂的发展趋势

（一）研究开发天然食品添加剂

绿色食品是当今食品发展的一大潮流，天然食品添加剂是这一潮流中的主角。当前，人们对食品安全问题越来越关注，大力开发天然、安全、多功能食品添加剂，不仅有益于消费者的健康，而且能促进食品工业的发展。我国有保健作用的天然抗氧化剂（如绿茶萃取物、甘草萃取物）的市场日益增长。

（二）研究开发新技术

很多传统的食品添加剂本身有很好的使用效果，但由于制造成本高，产品价格昂贵，应用受到限制，迫切需要开发一些新技术，如研究生物工程技术、膜分离技术、吸附分离技术、微胶囊技术在食品添加剂生产中的应用，以促进食品添加剂质量的提高。

（三）研究复配食品添加剂

生产实践表明，很多复配食品添加剂可以产生增效作用或派生出一些新的效用，研究复配食品添加剂不仅可以降低食品添加剂的用量，而且可以进一步改善食品的品质，提高食品的食用安全性，其经济意义和社会意义是不言而喻的。

五、食品添加剂的使用管理

目前，国内外均允许使用食品添加剂，建立了食品添加剂监督管理和安全性评价法规制度，规范食品添加剂的生产经营和使用管理。我国与国际食品法典委员会和其他发达国家的管理措施基本一致，有一套完善的食品添加剂监督管理和安全性评价制度。对列入我国国家标准的食品添加剂，均进行了安全性评价，并经过食品安全国家标准审评委员会食品添加剂分委会严格审查，公开向社会及各有关部门征求意见，确保其技术必要性和安全性。

（一）我国食品添加剂安全监督体系

卫健委：食品添加剂的安全性评价和制定食品安全国家标准。

农业部门：负责农产品生产环节监督工作。

市场监督管理局：负责食品添加剂生产和食品生产企业使用添加剂监管；负责餐饮服务环节使用食品添加剂监管；负责依法加强流通环节食品添加剂质量监管。

商务部门：负责生猪屠宰监管工作。

工信部门：负责食品添加剂行业管理、制定产业政策和指导生产企业诚信体系建设。

（二）企业对食品添加剂的使用管理

食品生产者实施食品添加剂进货查验制度，并保存相关记录两年以上。

I. 索证索票

①营业执照在有效期内，且在经营范围内；

②生产许可证真实有效，产品在许可范围；

③进口添加剂要有本批次出入境检验检疫合格证明；

④出具本批次出厂检验报告或合格证、一年至少一次的第三方检验机构的全项检验报告。

2. 标签验证

查看食品添加剂的产品标签。标签标识齐全，重点查看生产日期，是否有"食品添加剂"字样；对于复合食品添加剂，还要重点查看其使用范围和使用量，确认该复配添加剂能否在产品中添加及添加量的多少。

3. 感官验证

对其感官项目：色泽、气味等做好验证记录。

第二节　食品添加剂使用标准

一、正确认识食品添加剂

（一）食品添加剂并不危害食品安全

在超市或商店里，我们经常看见一些食品的包装上标有"本产品不含添加剂、不含防腐剂"的字样。实际上，凡经卫生部批准的食品添加剂，都经过了安全性评价和危险性评估，只要按照规定的使用范围、使用量添加到食品中，对消费者的健康是有安全保障的。

如：硫酸铝钾作为膨松剂和稳定剂，GB 2760—2011 中明确规定在豆类制品、小麦粉及其制品、虾味片、焙烤食品、水产品及其制品、膨化食品等产品中按生产需要适量使用，并规定铝的残留量（干样品，以 Al 计）$\leqslant$ 100 mg/kg。在正常使用量范围内，无明显的毒性影响。但部分食品厂家为使食品增白、松脆、保持良好的口感和节约成本，经常过量加入硫酸铝钾膨松剂，造成产品中铝含量超标。长期食用硫酸铝钾含量超标的食品，硫酸铝钾产生蓄积，铝离子会影响人体对铁、钙等成分的吸收，导致骨质疏松、贫血，甚至影响神经细胞的发育，严重的会对人体细胞的正常代谢产生影响，引发老年人患阿尔茨海默病。正在成长和智力发育过程中的儿童，过量食用铝超标食品会严重影响其骨骼和智力发育。

（二）不允许使用并不意味着不得检出

某种食品添加剂不允许在某食品中使用，并不等于不得检出。除了带入因素外，食品贮存过程中某些成分发生分解或者食品天然含有该成分，就有可能在食品中检出该成分或组分。

如亚硝酸钠作为食品添加剂，有规定的使用范围以及最大使用量和残留量，不允许在酱腌菜中添加。但"嗜硝酸盐"类蔬菜，如萝卜、大白菜、雪里红、大头菜、莴笋、甜菜、菠菜、芹菜、大白菜、小白菜、洋白菜、菜花等能从施用氮肥的土壤中浓集硝酸盐，硝酸盐含量较高。以这些蔬菜为原料做酱腌菜，在腌制过程中蔬菜中的硝酸盐就会还原成亚硝酸盐，特别是腌至 7 ~ 8 天时，含量最高，因此在酱腌菜食品中会检出亚硝酸盐。

（三）非食用物质不是食品添加剂

部分公众对食品添加剂闻之色变，甚至将食品添加剂等同于有毒害物质的认识误区，从一定程度上是因为概念上的混淆，将食品添加剂与食品中添加的非食用物质统称为"添加剂"，食品添加剂是用于改善食物品质、口感用的可食用物质，而非食用物质是禁止使用和向食品中添加的。例如，苏丹红、孔雀石绿、三聚氰胺等都不是食品添加剂。

（四）允许添加不代表无限制添加

对于安全性较高的某些食品添加剂品种，标准中往往没有最大使用量的限值规定，而是规定按照生产需要适量使用。在这种情况下，同样应该在正常生产工艺条件下，在达到该添加剂预期效果前提下，尽可能降低在食品中的使用量，而不是想添加多少就添加多少。

总之，随着现代食品工业的崛起，食品添加剂的地位日益突出，尽管部分食品安全事件的确与食品添加剂有关，但应正确区分"食品添加剂"与"非食用物质"，不能因"剂"废食，谈"剂"色变就更没有必要，食品添加剂对食品工业发展的贡献不可估量。

二、食品中可能违法添加的非食用物质和易滥用的食品添加剂

为配合打击违法添加非食用物质和易滥用食品添加剂的专项整治工作，国家卫生部于21世纪初组成打击违法添加非食用物质和易滥用食品添加剂专项整治专家委员会，根据既往发现的违法添加非食用物质和滥用食品添加剂行为，在充分征求各相关部门意见的基础上，由专家委员会进行认真研究，国家卫生部先后发布了5批《食品中可能违法添加的非食用物质和易滥用的食品添加剂品种名单》，可能违法添加的非食用物质47种，易滥用的食品添加剂22种。该名单的制定与公布，是为了帮助食品生产企业、各相关监管部门和全社会更加有针对性地及时发现和整治违法添加行为。打击违法添加非食用物质和滥用食品添加剂的行为，就是要加强各个环节的监管：一是要强化企业的主体责任意识；二是要规范食品生产经营行为，指导企业正确使用食品添加剂；三是有针对性地实施相应的监管措施。各食品安全监管部门要加强对各环节的系统排查，凡发现企业存放、私藏与食品生产经营无关的化学品或可疑物质，要及时调查送检。

第三节 常用食品添加剂

一、防腐剂

防腐剂是防止食品腐败变质，延长食品储存期的物质。防腐剂一般分为酸型防腐剂、酯型防腐剂和生物型防腐剂。

（一）酸型防腐剂

常用的有苯甲酸、山梨酸和丙酸（及其盐类）。这类防腐剂的抑菌效果主要取决于它们未解离的酸分子，其效力视pH值而定，酸性越大，效果越好，在碱性环境中几乎无效。

1. 苯甲酸及其钠盐

苯甲酸又名安息香酸。由于其在水中溶解度低，故多使用其钠盐。成本低廉。

苯甲酸进入机体后，大部分在 9 ~ 15 h 内与甘氨酸化合成马尿酸而从尿中排出，剩余部分与葡萄糖醛酸结合而解毒。但由于苯甲酸钠有一定的毒性，目前已逐步被山梨酸钠替代。

2. 山梨酸及其盐类

山梨酸又名花楸酸。由于在水中的溶解度有限，故常使用其钾盐。山梨酸是一种不饱和脂肪酸，可参与机体的正常代谢过程，并被同化产生二氧化碳和水，故山梨酸可看成是食品的成分，按照目前的资料可以认为对人体是无害的。

3. 丙酸及其盐类

抑菌作用较弱，使用量较高。常用于面包糕点类，价格也较低廉。

丙酸及其盐类，其毒性低，可认为是食品的正常成分，也是人体内代谢的正常中间产物。

4. 脱氢醋酸及其钠盐

脱氢醋酸为广谱防腐剂，特别是对霉菌和酵母的抑菌能力较强，为苯甲酸钠的2 ~ 10倍。本品能迅速被人体吸收，并分布于血液和许多组织中。但有抑制体内多种氧化酶的作用，其安全性受到怀疑，故已逐步被山梨酸所取代，其 ADI 值尚未规定。

（二）酯型防腐剂

酯型防腐剂主要包括对羟基苯甲酸酯类、没食子酸酯、抗坏血酸棕榈酸酯等。这类防腐剂的特点就是在很宽的 pH 值范围内都有效，但成本高。对霉菌、酵母与细菌有广泛的抗菌作用。对霉菌和酵母的作用较强，但对细菌特别是革兰氏阴性杆菌及乳酸菌的作用较差。作用机理为抑制微生物细胞呼吸酶和电子传递酶系的活性，以及破坏微生物的细胞膜结构。其抑菌的能力随烷基链的增长而增强；溶解度随酯基碳链长度的增加而下降，但毒性则相反。但对羟基苯甲酸乙酯和丙酯复配使用可增加其溶解度，且有增效作用。在胃肠道内能迅速完全吸收，并水解成对羟基苯甲酸而从尿中排出，不在体内蓄积。我国目前国家标准规定，对羟基甲酸酯类系列中只有乙酯、丙酯可以用于食品中。

（三）生物型防腐剂

主要是乳酸链球菌素。乳酸链球菌素是乳酸链球菌属微生物的代谢产物，可用乳酸链球菌发酵提取而得。乳酸链球菌素的优点是在人体的消化道内可为蛋白水解酶所降解，因而不以原有的形式被吸收入体内，是一种比较安全的防腐剂，不会向抗生素那样改变肠道正常菌群，以及引起常用其他抗生素的耐药性，更不会与其他抗生素出现交叉抗性。

其他防腐剂包括双乙酸钠，既是一种防腐剂，也是一种螯合剂，对谷类和豆制品有防止霉菌繁殖的作用。仲丁胺，本品不应添加于加工食品中，只在水果、蔬菜储存期防腐使用。市售的保鲜剂如克霉灵、保果灵等均是以仲丁胺为有效成分的制剂。二氧化碳分压的增高，影响需氧微生物对氧的利用，能终止各种微生物呼吸代谢，如果食品中存在着大量二氧化碳，可改变食品表面的 pH 值，而使微生物失去生存的必要条件。但二氧化碳只能抑制微生物生长，而不能杀死微生物。

二、护色剂

护色剂又称发色剂，是能与肉及肉制品中呈色物质作用，使之在食品加工、保藏等过程中不致分解、破坏，呈现良好色泽的物质。

（一）护色剂的发色原理及作用

I. 发色作用

为使肉制品呈鲜艳的红色，在加工过程中多添加硝酸盐（钠或钾）或亚硝酸盐。硝酸盐在细菌硝酸盐还原酶的作用下，还原成亚硝酸盐。亚硝酸盐在酸性条件下会生成亚硝酸。在常温下，也可分解产生亚硝基，此时生成的亚硝基会很快与肌红蛋白反应生成稳定的、鲜艳的、亮红色的亚硝化肌红蛋白，故使肉可保持稳定的鲜艳。

2. 抑菌作用

亚硝酸盐在肉制品中，对抑制微生物的增殖有一定的作用，如对肉毒梭状孢杆菌有特殊的抑制作用。

（二）护色剂的应用

亚硝酸盐是添加剂中急性毒性较强的物质之一，是一种剧毒药，可使正常的血红蛋白变成高铁血红蛋白，失去携带氧的能力，导致组织缺氧。亚硝酸盐为亚硝基化合物的前体物，其致癌性引起了国际性的注意，因此各方面要求把硝酸盐和亚硝酸盐的添加量，在保证发色的情况下，限制在最低水平。

抗坏血酸与亚硝酸盐有高度亲和力，在体内能防止亚硝化作用，从而几乎能完全抑制亚硝基化合物的生成。所以在肉类腌制时添加适量的抗坏血酸，有可能防止生成致癌物质。

虽然硝酸盐和亚硝酸盐的使用受到了很大限制，但至今国内外仍在继续使用。其原因是亚硝酸盐对保持腌制肉制品的色、香、味有特殊作用，迄今未发现理想的替代物质。更重要的原因是，亚硝酸盐对肉毒梭状芽孢杆菌有抑制作用。

三、漂白剂

漂白剂是能够破坏、抑制食品的发色因素，使其褪色或使食品免于褐变的物质。漂白剂可分为还原型和氧化型两类，目前，我国使用的大都是以亚硫酸类化合物为主的还原型漂白剂。这类物质均能产生二氧化硫（SO_2）通过 SO_2 的还原作用而使食品褪色漂白，同时还具有防腐和抗氧化作用。如 SO_2，遇水形成亚硫酸，由于亚硫酸的强还原性，能消耗果蔬组织中的氧，抑制氧化酶的活性，可防止果蔬中的维生素 C 被氧化破坏。

亚硫酸盐在人体内可被代谢成为硫酸盐，通过解毒过程从尿中排出。亚硫酸盐这类化合物不适用于动物性食品，以免产生令人不适的气味。亚硫酸盐对维生素 B_1 有破坏作用，故维生素 B_1 含量较多的食品如肉类、谷物、乳制品及坚果类食品也不适合。

四、甜味剂

甜味剂是指赋予食品甜味的物质。按来源可分为：

（一）天然甜味剂

天然甜味剂又分为糖醇类和非糖类。其中：①糖醇类有木糖醇、山梨糖醇、甘露糖醇、乳糖醇、麦芽糖醇、异麦芽糖醇、赤藓糖醇；②非糖类包括甜菊糖甙、甘草、奇异果素、罗汉果素、索马甜。

（二）人工合成甜味剂中的磺胺类

糖精、环己基氨基磺酸钠、乙酰磺胺酸钾。二肽类有：天门冬酰苯丙酸甲酯（又称阿斯巴甜）、1-α-天冬氨酰-N-（2，2，4，4-四甲基-3-硫化三亚甲基）-D-丙氨酰胺（又称阿力甜）。蔗糖的衍生物有：三氯蔗糖、异麦芽酮糖醇（又称帕拉金糖）、新糖（果糖低聚糖）。

此外，按营养价值可分为营养性和非营养性甜味剂，如蔗糖、葡萄糖、果糖等也是天然甜味剂。由于这些糖类除赋予食品以甜味外，还是重要的营养素，供给人体以热能，通常被视作食品原料，一般不作为食品添加剂加以控制。

第四节　食品出厂检验项目常见食品添加剂残留量的测定

一、亚硝酸盐或硝酸盐的测定

（一）出厂检验要求测定亚硝酸盐残留量的食品

实行食品生产许可证制度，审查细则中出厂检验项目要求测定亚硝酸盐残留量的食品。

（二）测定方法

硝酸盐和亚硝酸盐测定的方法很多，根据 GB 5009.33—2016《食品安全国家标准食品中亚硝酸盐和硝酸盐的测定》，有第一法离子色谱法，第二法分光光度法，第三法蔬菜、水果中硝酸盐的测定 – 紫外分光光度法。

1. 离子色谱法

（1）原理

试样经沉淀蛋白质，除去脂肪后，采用相应的方法提取和净化，以氢氧化钾溶液为淋洗液，阴离子交换柱分离，电导检测器检测。以保留时间定性，外标法定量。

（2）仪器

离子色谱仪：包括电导检测器，配有抑制器，高容量阴离子交换柱，25 μL 定量环。

食物粉碎机。

超声波清洗器。

天平：感量为 0.1mg 和 1mg。

离心机：转速 ≥ 10000 r/min，配 5 mL 或 10 mL 离心管。

0.22 μm 水性滤膜针头滤器。

净化柱：包括 C_{18} 柱、Ag 柱和 Na 等效柱。

注射器：1.0mL、2.5mL。

（3）操作方法

按 GB 5009.33—2016《食品安全国家标准食品中亚硝酸盐和硝酸盐的测定》第一法执行。

（4）说明及注意事项

①有玻璃器皿使用前均须依次用 2 mol/L 氢氧化钠和水分别浸泡 4h，然后用水冲洗 3～5 次，晾干备用。

②固相萃取柱使用前须进行活化。

③色谱柱是具有氢氧化物选择性，可兼容梯度洗脱的高容量阴离子交换柱。

2. 分光光度法

（1）原理

亚硝酸盐采用盐酸萘乙二胺法测定，硝酸盐采用镉柱还原法测定。

试样经沉淀蛋白质、除去脂肪后，在弱酸条件下亚硝酸盐与对氨基苯磺酸重氮化后，再与盐酸萘乙二胺偶合形成紫红色染料，外标法测得亚硝酸盐含量。采用镉柱将硝酸盐还原成亚硝酸盐，测得亚硝酸盐总量，由此总量减去亚硝酸盐含量，即得试样中硝酸盐含量。

（2）仪器

天平：感量为 0.1mg 和 1mg。

组织捣碎机。

超声波清洗器。

恒温干燥箱。

分光光度计。

镉柱。

（3）操作方法

按照 GB 5009.33—2016《食品安全国家标准食品中亚硝酸盐和硝酸盐的测定》第二法执行。

（4）说明及注意事项

①亚铁氰化钾和乙酸锌溶液为蛋白质沉淀剂。

②饱和硼砂溶液既可作为亚硝酸盐提取剂，又可用作蛋白质沉淀剂。

③镉是有害元素之一，在制备、处理过程中的废弃液含大量的镉，应经处理之后再放入水道，以免造成环境污染。

④在制取海绵状镉和装填镉柱时最好在水中进行，勿使颗粒暴露于空气中以免氧化。

⑤为保证硝酸盐测定结果准确，镉柱还原效率应当经常检查。

3. 蔬菜、水果中硝酸盐的测定

（1）原理

用 pH 值为 9.6～9.7 的氨缓冲液提取样品中硝酸根离子，同时加活性炭去除色素类，加沉淀剂去除蛋白质及其他干扰物质，利用硝酸根离子和亚硝酸根离子在紫外区 219nm 处具有等吸收波长的特性，测定提取液的吸光度，其测得结果为硝酸盐和亚硝酸盐吸光度的总和，鉴于新鲜蔬菜、水果中亚硝酸盐含量甚微，可忽略不计。测定结果为硝酸盐的吸光度，可从工作曲线上查得相应的质量浓度，计算样品中硝酸盐的含量。

（2）仪器

紫外分光光度计。

分析天平：感量 0.001g 和 0.0001g。

组织捣碎机。

可调式往返振荡机。

pH 计：精度为 0.01。

烧杯：100mL。

锥型瓶：250mL、500mL。

容量瓶：100mL、500mL 和 1000mL。

移液管：2mL、5mL、10mL 和 20mL。

吸量管：2mL、5mL、10mL 和 25mL。

量筒：根据需要选取。

玻璃漏斗：直径约 9cm，短颈。

定性滤纸：直径约 18cm。

（3）操作方法按 GB 5009.33—2016《食品安全国家标准食品中亚硝酸盐和硝酸盐的测定》第三法执行。

二、二氧化硫残留量的测定

（一）出厂检验要求测定二氧化硫残留量的食品

实行食品生产许可证制度，审查细则中出厂检验项目要求测定二氧化硫残留量的食品。

（二）测定方法

根据国家标准 GB 5009.34《食品安全国家标准食品中二氧化硫的测定》，测定食品中二氧化硫采用滴定法。

1. 原理

在密闭容器中对样品进行酸化、蒸馏，蒸馏物用乙酸铅溶液吸收。吸收后的溶液用盐酸酸化，碘标准溶液滴定，根据所消耗的碘标准溶液量计算出样品中的二氧化硫含量。

2. 仪器

全玻璃蒸馏器：500mL，或等效的蒸馏设备。

酸式滴定管：25mL 或 50mL。

剪切式粉碎机。

碘量瓶：500mL。

3.操作方法

按照 GB 5009.34—2016《食品安全国家标准食品中二氧化硫的测定》执行。

第五章　食品微生物的检验技术

第一节　食品微生物检验基本知识

一、食品微生物检验的意义

食品微生物检验是食品检验不可缺少的重要组成部分。

食品的微生物污染情况是食品卫生质量的重要指标之一，也是判定被检食品能否食用的科学依据之一。通过食品微生物检验，可以对食品原料、加工环境、食品加工过程等被细菌污染的程度做出正确的评价，为各项环境卫生管理、食品生产管理及对某些传染病的防疫工作提供科学依据，提供传染病和人类、动物和食物中毒的防治措施。食品微生物检验贯彻"预防为主"的方针，有效防止或者减少人类因食物而发生微生物中毒或感染，保障人民的身体健康。

二、食品微生物检验的范围

食品微生物检验的范围包括以下几点：1.生产环境的检验：车间用水、空气、地面、墙壁等；2.原辅料检验：包括食用动物、谷物、添加剂等一切原辅材料；3.食品加工、储藏、销售诸环节的检验：包括食品从业人员的卫生状况检验、加工工具、运输车辆、包装材料的检验等；4.食品的检验：重要的是对出厂食品、可疑食品及食物中毒食品的检验。

三、食品微生物检验的种类

（一）感官检验

通过观察食品表面有无霉斑、霉状物、粒状、粉状及毛状物，色泽是否变灰、变黄，有无霉味及其他异味，食品内部是否霉变等，从而确定食品的微生物污染程度。

（二）直接镜检

将送检样品放在显微镜下进行菌体测定计数。

（三）培养检验

根据食品的特点和分析目的选择适宜的培养方法求得带菌量。

四、食品微生物检验的指标

我国食品安全标准中的微生物指标一般是指细菌总数、大肠菌群、致病菌、霉菌和酵母等。

（一）菌落总数

菌落总数是指在普通营养琼脂培养基上生长出的菌落数。常用平皿菌落计数法测定食品中的活菌数，以菌落形成单位表示，简称 cfu，一般以 1g 或 1mL 食品或 1cm² 食品表面积所含有的细菌数来报告结果。

菌落总数具有两个方面的食品意义，其一作为食品被污染及清洁状况的标志；其二可用来预测食品可能存放的期限。

（二）大肠菌群

大肠菌群系在一定培养条件下能发酵乳糖、产酸产气的需氧和兼性厌氧革兰氏阴性无芽孢杆菌。其中包括肠杆菌科的埃希氏菌属、柠檬酸杆菌属、克雷伯氏菌属、产气肠杆菌属等。其中以埃希氏菌属为主，称为典型大肠杆菌，其他三属习惯上称为非典型大肠杆菌。这群细菌能在含有胆盐的培养基上生长。一般认为，大肠菌群都是直接或间接来源于人与温血动物肠道内的肠居菌，它随着大便排出体外。食品中大肠菌群数越多，说明食品受粪便污染的程度越大。

（三）致病菌

致病菌即能够引起人们发病的细菌。对不同的食品和不同的场合，应该选择一定的参考菌群进行检验。

食品中不允许有致病性病原菌的存在，致病菌种类繁多，且食品的加工、贮存条件各异，因此被病原菌污染的情况是不同的。只有根据不同食品可能污染的情况来做针对性的检查。如对禽、蛋、肉类食品必须做沙门氏菌检查；酸度不高的罐头必须做肉毒梭菌的检查；发生食物中毒必须根据当地传染病的流行情况，对食品进行有关病原菌的检查等。

（四）霉菌及其毒素

霉菌和酵母菌是食品酿造的重要菌种。但霉菌和酵母菌也可造成食品的腐败变质，有些霉菌还可产生霉菌毒素。因此，霉菌和酵母菌也作为评价某些食品卫生质量的指示菌，并以霉菌和酵母菌的计数来判断其被污染的程度。

五、微生物检验室的建设

（一）微生物检验室

1. 微生物检验室基本条件

微生物检验室通常包括准备室和无菌室（包括无菌室外的缓冲间），微生物检验室要求高度清洁卫生，要尽可能地为其创造无菌条件。为达此目的，房屋的墙壁和地板、使用的各种家具都要符合便于清洗的要求。另外，微生物检验室必须具备保证显微镜工作、微生物分离培养工作等能顺利进行的基本条件。如：①光线明亮，但避免阳光直射室内；②洁净无菌，地面与四壁平滑，便于清洁和消毒；③空气清新，应有防风、防尘设备；④要有安全、适宜的电源和充足的水源；⑤具备整洁、稳固、适用的实验台，台面最好有耐酸碱、防腐蚀的黑胶板；⑥显微镜、电子天平及实验室常用的工具、药品应设有相应的存放橱柜。

2. 微生物检验室管理制度

（1）检验室应制定仪器配备管理使用制度、药品管理使用制度、玻璃器皿管理使用制度、卫生管理制度，本室工作人员应严格掌握，认真执行。

（2）进入检验室必须穿工作服，进入无菌室换无菌衣、帽、鞋，戴好口罩，非本检验室人员不得进入检验室，严格执行安全操作规程。

（3）检验室内物品摆放整齐，试剂定期检查并有明晰标签，仪器定期检查、保养、检修，严禁在冰箱内存放和加工私人食品。

（4）室内应经常保持整洁，样品检验完毕后及时清理桌面。凡是要丢弃的培养物应经高压灭菌后处理，污染的玻璃仪器高压灭菌后再洗刷干净。

（5）各种器材应建立请领消耗记录，贵重仪器有使用记录，破损遗失应填写报告；药品、器材、菌种不经批准不得擅自外借和转让，更不得私自拿出，应严格执行《菌种保管制度》。

（6）禁止在检验室内吸烟、进餐、会客、喧哗，检验室内不得带入私人物品，对于有毒、有害、易燃、污染、腐蚀的物品和废弃物品应按有关要求执行。

（7）离开检验室前一定要用肥皂将手洗净，脱去工作衣、帽、专用鞋。关闭门窗以及水、电（培养箱、冰箱除外）、煤气等开关，认为妥善后方可离去。

（8）科、室负责人督促本制度严格执行，根据情况给予奖惩，出现问题立即报告，造成病原扩散等责任事故者，应视情节直至追究法律责任。

3. 微生物检验注意事项

（1）每次检验前必须充分熟悉检验流程，熟悉检验操作的主要步骤和环节，对整个检验的安排做到先后有序、有条不紊和避免差错。

（2）非必要的物品不要带入检验室。

（3）每次实验前须用75%酒精棉球擦净台面，必要时可用0.1%新洁尔灭溶液擦。实验前要洗手，以降低染菌的概率。

（4）微生物实验中最重要的一环，就是要严格地进行无菌操作，防止杂菌污染。为此，在实验过程中，每个人要严格做到：操作时要预防空气对流；在进行微生物实验操作时，要关闭门窗，以防空气对流。接种时尽量不要走动和讲话，以免因尘埃飞扬和唾沫四溅而导致杂菌污染。吸过菌液的吸管，要投入盛有3%来苏水或5%石炭酸溶液的玻璃筒中，不得放在桌子上；菌液流洒桌面，立即用抹布浸沾3%来苏水或5%石炭酸泡在污染部位，经半小时后方可抹去。若手上沾有活菌，亦应在上述消毒液中浸泡10～20min，再以肥皂及水洗刷。含培养物的器皿要杀菌后清洗：在清洗带菌的培养皿、三角瓶或试管等之前，应先煮沸10min或进行加压蒸汽灭菌。要穿干净的白色工作服：微生物检验人员在进行实验操作时应穿上白色工作服，离开时脱去，并经常洗涤以保持清洁。凡须进行培养的材料，都应注明菌名、接种日期及操作者姓名（或组别），放在指定的温箱中进行培养，按时观察并如实地记录实验结果，按时交实验报告。实验室内严禁吸烟，不准吃东西，切忌用舌舔标签、笔尖或手指等物，以免感染。各种仪器应按要求操作，用毕按原样放置妥当。

（5）冷静处理意外事故。打碎玻璃器皿：如遇因打碎玻璃器皿而把菌液洒到桌面或地上时，应立即以5%石炭酸液或0.1%新洁尔灭溶液覆盖,30min后擦净。若遇皮肤破伤，可先去除玻璃碎片，再用蒸馏水洗净后，涂上碘酒或红贡。

菌液污染手部皮肤：先用75%乙醇棉花拭净，再用肥皂水洗净。如污染了致病菌，应将手浸于2%～3%来苏尔或0.1%新洁尔灭溶液中，经10～20min后洗净。

衣服或易燃品着火：应先断绝火源或电源，搬走易燃物品（乙酰、汽油等），再用湿布掩盖灭火，或将身体靠墙或着地滚动灭火，必要时可用灭火器。

皮肤烫伤：可用5%糅酸、2%苦味酸（苦味酸氨苯甲酸丁酯油膏）或2%龙胆紫液涂抹伤口。

（二）无菌室

I.无菌室的结构与要求

（1）无菌室的结构

无菌室通常包括缓冲间和工作间两大部分，缓冲间与工作间应有样品传递窗，人流、物流分开，避免交叉污染。无菌室的布局如图5-1所示。

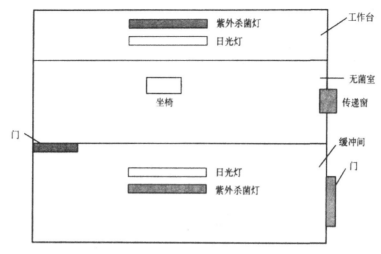

图5-1 无菌室的布局

　　无菌室的面积和容积不宜过大，以适宜操作为准，一般 6^2 ~ $12m^2$。缓冲间与工作间二者的比例可为 1 ∶ 2，高度 2.5 m 左右为适宜。

　　工作间内设有固定的工作台、紫外线灯或紫外线消毒器，有条件的无菌室最好安装空气过滤器，并设置无菌超净工作台，以提高无菌效率。

　　工作间的内门与缓冲间的门不应直对，相互错开，减少无菌室内的空气对流，无菌室和缓冲间都必须密闭。

　　操作台顶部和缓冲间内均需悬吊式安装紫外线灯或紫外线消毒器。消毒使用的紫外线是 C 波紫外线，其波长范围是 200 ~ 275nm，杀菌作用最强的波段是 250nm ~ 270nm，消毒用的紫外线光源必须能够产生辐照值达到国家标准的杀菌紫外线灯。由于紫外灯在辐射 253.7nm 紫外线的同时，也辐射一部分 184.9nm 紫外线，故可产生臭氧。紫外线辐照能量低，穿透力弱，仅能杀灭直接照射到的微生物，因此消毒时必须使消毒部位充分暴露于紫外线。无菌室采用直接照射法进行空气的灭菌，在室内无人条件下，可采取紫外线灯悬吊式或移动式直接照射。采用室内悬吊式紫外线消毒时，室内安装紫外线消毒灯（30W 紫外灯，在 1.0m 处的强度 > $70\mu W/cm^2$ ）的数量为平均每立方米不少于 1.5 W，照射时间不少于 30min。其高度距离台面照射物以不超过 1.2 m 为宜，距地高度为 2.0 ~ 2.2 m。

　　（2）无菌室的要求

　　①无菌室内墙壁光滑，应尽量避免死角，以便于洗刷消毒。

　　②应保持密封、防尘、清洁、干燥。进行操作时，免走动。

　　③室内设备简单，禁止放置杂物。

　　④工作台、地面和墙壁可用新洁尔灭或过氧乙酸溶液擦洗消毒。

　　⑤杀菌前做好一切准备工作，然后用紫外线杀菌灯进行空气消毒。开灯照射 30min 后关灯，间隔 30min 后方可进入室内工作。不得使紫外线光源照射到人，以免引起损伤。因

此，紫外灯开关必须安装在无菌室外。

⑥根据无菌室的净化情况和空气中含有的杂菌种类，可采用不同的化学消毒剂进行熏蒸消毒。

⑦无菌室内应备有接种用的常用器具，如酒精灯、接种环、接种针、不锈钢刀、剪刀、镊子、酒精棉球瓶、记号笔、火柴、试管架、废物缸等。

⑧无菌室的大小，应按每个操作人员占用面积不少于 $3m^2$ 设置。

2. 无菌室操作规程

（1）无菌室应保持清洁，严禁堆放杂物，并能定期用适宜的消毒液灭菌清洁，以保证无菌室的洁净度符合要求。

（2）无菌室应备有工作浓度的消毒液，如 5% 的甲酚溶液，75% 的酒精，0.1% 的新洁尔灭溶液等。

（3）需要带入无菌室使用的仪器、器械、平皿等一切物品，均应包扎严密，并应经过适宜的方法灭菌。严防一切灭菌器材和培养基污染，已污染者应停止使用。

（4）工作人员进入无菌室前，必须用肥皂或消毒液洗手消毒，然后在缓冲间更换专用工作服、鞋、帽子、口罩和手套（或用 75% 的乙醇再次擦拭双手），方可进入无菌室进行操作。

（5）供试品在检查前，应保持外包装完整，不得开启，以防污染。检查前，用 75% 的酒精棉球消毒外表面。

（6）吸取菌液时，必须用吸耳球吸取，切勿直接用口接触吸管。

（7）无菌室内应备有专用开瓶器、金属勺、镊子、剪刀、接种针、接种环，每次使用前和使用后应在酒精灯火焰上烧灼灭菌。

（8）带有菌液的吸管、试管、培养皿等器皿应浸泡在盛有 5% 来苏尔溶液的消毒桶内消毒，24h 后取出冲洗。

（9）如有菌液洒在桌上或地上，应立即用 5% 石炭酸溶液或 3% 的来苏尔倾覆在被污染处至少 30min，再做处理。工作衣帽等受到菌液污染时，应立即脱去，高压蒸汽灭菌后洗涤。

（10）凡带有活菌的物品，必须经消毒后，才能在水龙头下冲洗，严禁污染下水道。

（11）无菌室应每月检查无菌程度。一般采用平板法：将已灭菌的营养琼脂培养基分别倒入已灭过菌的培养皿内，每皿约 15mL 培养基，打开皿盖暴露于无菌室内的不同地方，一般均匀取 5 个采样点，每个采样点设置三个培养皿，暴露 30min 后，盖好皿盖。将培养皿倒置于 37℃ 培养 24h 后，观察菌落情况，统计菌落数。如果每个皿内菌落不超过四个，则可以认为无菌程度良好，若菌落数很多，则应对无菌室进行彻底灭菌。对于无菌超净工作台，最好由生产厂家每半年检测一次滤过空气的无菌情况。

3. 无菌室的熏蒸消毒

（1）新建无菌室的处理程序

先用 3% 的煤酚皂擦洗工作台台面及地面，再用甲醛加高锰酸钾熏蒸空气。日后要定期熏蒸。每两星期用酒精棉球擦拭紫外线灯管；每次使用无菌室前用紫外线灯照射30min；每次使用完无菌室后，要及时用 3% 的煤酚皂擦洗工作台台面及地面，再用紫外线灯照射 30min。

（2）无菌室的熏蒸与消毒

工作台、地面和墙壁的消毒：0.1% 新洁尔灭或 0.05% 过氧乙酸溶液擦洗消毒。

无菌室及工作台面消毒：操作前开紫外灯 30min，关灯 30min 后，方可进入无菌室工作。操作结束后清洁台面，再用紫外线消毒 30min。

熏蒸：甲醛加高锰酸钾，放出甲醛气体熏蒸。称取高锰酸钾（甲醛用量的十分之一）于一瓷碗或玻璃容器内，再量取定量的甲醛溶液（按每立方米空间 5mL 左右计）。室内准备妥当后，把甲醛溶液倒在盛有高锰酸钾的器皿内，立即关门。几秒钟后，甲醛溶液即沸腾而挥发。高锰酸钾是一种强氧化剂，当它与一部分甲醛溶液作用时，由氧化作用产生的热可使其余的甲醛溶液挥发为气体。甲醛液熏蒸后关门密闭应保持 12h 以上。甲醛液熏蒸对人的眼、鼻有强烈刺激，在相当时间内不能入室工作。为减弱甲醛对人的刺激作用，甲醛熏蒸后 12h，再量取与甲醛液等量的氨水，迅速放入室内，同时敞开门窗以放出剩余刺激性气体。

第二节　食品微生物检验常用的仪器设备

一、常用仪器

（一）培养箱

1. 培养箱

培养箱亦称恒温箱，是培养微生物的主要仪器。培养箱一般以铁皮喷漆制成外壳，以铝板做内壁，夹层填充以石棉或玻璃棉等绝缘材料以防热量扩散，内层底下安装电阻丝用以加热，利用空气对流，使箱内温度均匀。箱内设有金属孔架数层，用以搁置培养标本。箱门为双重，内为玻璃门，便于观察箱内标本；外为金属板门。箱壁装有温度调节器调节温度。箱外有温度数字显示。现在市场上常见的培养箱有电热恒温培养箱、生化培养箱、厌氧培养箱、霉菌培养箱等。

培养物较多的实验室，可建造容量较大的培养室或称恒温室。

2.培养箱的使用与注意事项

①箱内不应放入过热或过冷之物，取放物品时应快速，并随手关闭箱门以维持恒温。

②箱内可经常放入一杯水，以保持湿度和减少培养物中的水分大量蒸发。

③培养箱最底层温度较高，培养物不宜与之直接接触。箱内培养物不应放置过挤，以保证培养物受温均匀。

④定期消毒内箱，可每月一次。方法为断电后，先用3%来苏尔水溶液涂布消毒，再用清水抹去擦净。

⑤培养箱用于培养微生物，不准做烘干衣帽等其他用途。

（二）电热恒温干燥箱

1.电热恒温干燥箱

电热恒温干燥箱亦称烘箱，是一种干热灭菌仪器，也是一种常用于加热干燥的仪器，加热范围一般为30 ~ 300℃。如图5-2所示。电热恒温干燥箱是利用加热的高温空气杀死微生物的原理而设计。由于空气的传热性能和穿透力比饱和蒸汽差，而且菌体在干热脱水时，细胞内的蛋白质凝固变性缓慢，不易被热空气杀死，因此，干热灭菌所需温度较湿热灭菌高，时间较长，一般需要160℃左右温度保持2h以上，才能达到彻底灭菌的目的。主要用于空玻璃器皿（如吸管、培养皿等）、金属用具及其他耐干燥、耐热物品的灭菌。亦可用于烤干洗净的玻璃仪器。

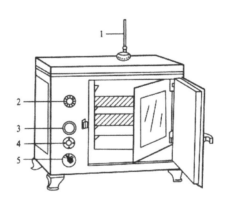

图5-2 电热恒温干燥箱的构造

1—温度计与排气孔；2—温度调节螺旋钮；

3—指示灯；4—温度调节器；5—鼓风钮

2.电热恒温干燥箱的使用与注意事项

①如为新安装的干燥箱,注意干燥箱所需电压与电源电压是否相符,选用足够容量的电源线和电源闸刀开关,应具有良好的接地线。

②将待灭菌的玻璃器皿洗净、干燥,并用报纸(或牛皮纸)包装好或置于带盖不锈钢圆筒内,放入灭菌箱中,关好箱门,接通电源,开启开关。

③放入箱内灭菌的器皿不宜放得过挤,而且散热底隔板不应放物品,即不得使器皿与内层底板直接接触,以免影响热气向上流动。水分大的尽量放上层。

④待箱内温度升至160℃时,开始计时,控制温度调节器,恒温维持2h,温度如超过170℃以上,则器皿外包裹的纸张、棉塞会被烤焦甚至燃烧。灭菌结束后,断开电源停止加热,自然降温至50℃以下,打开箱门,取出灭菌物品。

⑤灭菌后的器皿在不使用时勿提前打开包装纸,以免被空气中的杂菌污染。灭菌后的器皿必须在一周内用完,过期应重新灭菌。

⑥若用于烤干玻璃仪器时,温度为120℃左右,持续30min即可。

⑦箱内不应放对金属有腐蚀性的物质,如酸、碘等,禁止烘焙易燃、易爆、易挥发的物品。若必须在干燥箱内烘干纤维质类和能燃烧的物品,如滤纸、脱脂棉等,则不要使箱内温度过高或时间过长,以免燃烧着火。

⑧观察箱内情况,一般不要打开内玻璃门,隔玻璃门观察即可,以免影响恒温。干燥箱恒温后,一般不需人工监视,但为防止控制器失灵,仍须有人经常照看,不能长时间远离。箱内应保持清洁,经常打扫。

(三)高压蒸汽灭菌锅

1.高压蒸汽灭菌锅设计

高压蒸汽灭菌锅是根据水的沸点与蒸汽压力成正比的原理而设计。其种类主要有手提式、立式和卧式等。高压蒸汽灭菌锅是微生物实验室应用广、效果好的灭菌器,可用于培养基、器械、废弃的培养物以及耐高热药品、纱布、采样器械等的灭菌。

高压蒸汽灭菌锅为一双层金属圆筒,两层之间盛水,外壁坚厚,其上方或前方有金属厚盖,盖上装有螺旋,借以紧闭盖门,使蒸汽不能外溢,灭菌锅工作时,其底部的水受热产生蒸汽,充满内部空间,由于灭菌锅密闭,使水蒸气不能逸出,增加了锅内压力,因此水的沸点随水蒸气压力的增加而上升,可获得比100℃更高的蒸汽温度,如此可在短时间内杀死全部微生物和它们的芽孢或孢子。

高压蒸汽灭菌锅上装有排气阀、安全阀,用来调节灭菌锅内蒸汽压力与温度并保障安全;还装有压力表,指示内部的压力。

一般实验室常用的手提式高压蒸汽灭菌锅由安全阀、压力表、放气阀、排气软管、紧固螺栓、灭菌桶、筛架等部分构成。结构如图5-3所示。

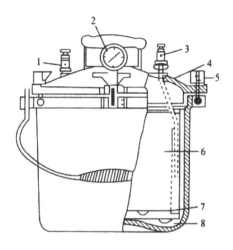

图 5-3 手提式高压蒸汽灭菌锅结构

1—安全阀；2—压力表；3—放气阀；

4—排气软管；5—紧固螺栓；6—灭菌桶；7—筛架；8—水

2.手提式高压蒸汽灭菌锅的使用与注意事项

①打开锅盖，取出内锅，加水到标定水位线以上，加水量以水稍没灭菌锅底部的加热管为宜。

②放入内锅，将要灭菌的物品用报纸或牛皮纸盖好包扎后放入内锅中。锅内物品不要摆放太密太满，以免妨碍蒸汽流通，影响灭菌效果。

③盖上锅盖，再以两两对称的方式同时扭紧相对的两个螺栓，使螺栓松紧一致，以防漏气。接通电源加热，同时打开盖上的排气阀，待排气阀冒出大量蒸汽后，维持5min，排净锅内空气，关闭排气阀门。

④随即压力表开始指示升压，当压力升至0.100MPa（121℃）或其他规定的压力时，开始计算灭菌时间；不断调节热源（自动压力锅可自动调节锅内一定蒸汽压力），使蒸汽压力（0.100MPa）保持稳定，直至所需灭菌时间，停止加热。

⑤待蒸汽压力自然降至零位时，可打开排气阀，排净锅内蒸汽，旋开紧固螺栓，开盖，取出灭菌物品。

⑥灭菌完毕，倒出锅内剩余水分，保持灭菌锅干燥，盖好锅盖。

⑦最后将高压灭菌锅内的剩余水排出。

⑧若连续使用灭菌锅，每次应补足水分；如果急用培养基，也只能在压力降至0.050MPa（112℃）以后才可稍开启排气阀，并间断放气，以加速降压。

（四）超净工作台

1. 超净工作台

超净工作台也称净化工作台，是一种提供无尘无菌工作环境的局部空气净化设备，其占地面积小，使用方便。超净工作台工作原理是利用空气层流装置排除工作台面上部包括微生物在内的各种微小尘埃。通过电动装置使空气通过高效过滤器具后进入工作台面，使台面始终保持在流动无菌空气控制之下。而且在接近外部的一方有一道高速流动的气帘防止外部带菌空气进入。台内设有紫外线杀菌灯，可对环境进行杀菌，保证了超净工作台面的正压无菌状态。工作原理如图 5-4 所示。

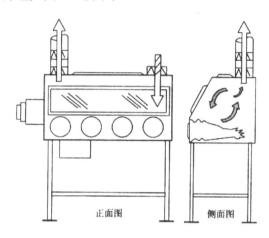

正面图　　　　侧面图

图 5-4　超净工作台工作原理图

2. 超净工作台的使用方法与注意事项

①超净工作台用三相四线 380V 电源，通电后检查风机转向是否正确，风机转向不对，则风速很小，将电源输入线调整即可。

②使用工作台时，先经过清洁液浸泡的纱布擦拭台面，然后用 75% 的酒精或类似无腐蚀作用的消毒剂擦拭消毒工作台面。

③使用前 30min 打开紫外线杀菌灯，对工作区域进行照射，把细菌病毒全部杀死。使用前 10min 将通风机启动。

④操作时把开关按钮拨至照明处，操作室杀菌灯即熄灭。

⑤操作区为层流区，因此物品的放置不应妨碍气流正常流动，工作人员应尽量避免能引起扰乱气流的动作，以免造成人身污染。

⑥操作者应穿着洁净的工作服、工作鞋，戴好口罩。

⑦使用过程如发现问题应立即切断电源，报修理人员检查、修理。

⑧操作结束后，清理工作台面，收集各废弃物，关闭风机及照明开关，用清洁剂及消

毒剂擦拭消毒。最后开启工作台紫外灯，照射消毒 30min 后，关闭紫外灯，切断电源。

⑨每两个月用风速计测量一次工作区平均风速，如发现不符合技术标准，应调节调压器手柄，改变风机输入电压，使工作台处于最佳状况。

⑩每次使用完毕，立即清洁仪器：取样结束后，先用毛刷刷去洁净工作区的杂物和浮尘、用细软布擦拭工作台表面污迹、污垢，用清洁布擦干；经常用纱布沾上酒精将紫外线灯表面擦干净，保持表面清洁，否则会影响杀菌能力；设备内外表面应该光亮整洁，没有污迹。

注意：超净工作台应放置在洁净、明亮的室内，最好在无菌室内。

（五）显微镜

I. 普通光学显微镜

普通光学显微镜是微生物检验工作中常用的仪器。其利用目镜和物镜两组透镜系统来放大成像。显微镜总的放大倍数是目镜和物镜放大倍数的乘积，物镜的放大倍数越高，分辨率越高。

显微镜的构造主要分为三部分：机械部分、照明部分和光学部分。如图 5-5 所示。

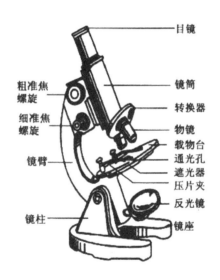

图 5-5 显微镜结构示意图

（1）机械部分

镜座：是显微镜的底座，用以支持整个镜体。

镜柱：是镜座上面直立的部分，用以连接镜座和镜臂。

镜臂：一端连于镜柱，一端连于镜筒，圆弧形，为显微镜的手握部位。

镜筒：连在镜臂的前上方，光线从中透过。

旋转器：镜筒下方，盘上有 3 ~ 4 个圆孔，是安装物镜部位，转动转换器，可以调换不同倍数的物镜。

载物台：在镜筒下方，形状有方、圆两种，用以放置玻片标本，中央有一透光孔，台上装有弹簧夹可以固定玻片标本，弹簧夹连接推进器，镜台下有推进器调节轮，可使玻片标本做左右、前后方向的移动。

调节螺旋：在镜筒后方两侧，分粗调和细调两种。粗准焦螺旋用于快速和较大幅度的升降，能迅速调节物镜和标本之间的距离使物象呈现于视野中，通常在使用低倍镜时，先用粗调节器迅速找到物象。细准焦螺旋可使镜台缓慢地升降，多在运用高倍镜时使用，从而得到更清晰的物象，并借以观察标本的不同层次和不同深度的结构。

（2）光学部分

反光镜：装在显微镜下方，有平凹两面，让最佳光线反射至集光器。

目镜：装在镜筒的上端，上面刻有大倍数，常用的有 5×、10× 或 15×。

物镜：为显微镜最主要的光学位置，装在镜筒下端的旋转器上，一般有 3 ~ 4 个物镜，其中最短的刻有"10×"符号的为低倍镜，较长的刻有"40×"符号的为高倍镜，最长的刻有"100×"。各物镜的放大率也可由外形辨认，镜头长度愈长放大倍数愈大。此外，在高倍镜和油镜上还常加有一圈不同颜色的线，以示区别。

显微镜的放大倍数是物镜的放大倍数与目镜的放大倍数的乘积，如物镜为 10×，目镜为 10×，其放大倍数就为 10×10=100。

2.普通光学显微镜的使用方法和注意事项

（1）低倍镜观察

先将低倍物镜转到中央，眼睛移到目镜上，转动反光镜和调节粗螺旋使镜筒升至适合高度，待视野明亮即可。

将标本放置在载物台上，使标本对准通光孔正中，下降镜筒或升高载物台，并从侧面观察，使物镜下端和标本逐渐接近，但不能碰到盖玻片。从目镜观察，用粗准焦螺旋慢慢升起镜筒和下降载物台直到看到标本为止，再调节细准焦螺旋至物像清晰。

（2）高倍镜观察

在低倍镜下，找到要观察的部位，移至视野中心，再上升聚光镜，逆时针转动物镜转换器换上高倍镜。合格的显微镜操作距离是由低倍镜转换到高倍镜时刚好合用的，一般稍微调节一下细准焦螺旋即可看到清晰的物像。

（3）油镜的观察

在高倍镜下看到标本后，把需要进一步放大的部位移至视野中心。上升镜筒或下降载物台约 1.5cm。将物镜转离光轴，在盖玻片所要观察的部位上滴一滴香柏油，把光阑升至最大。换上油镜，小心调节粗准焦螺旋，使油镜慢慢下降或慢慢上升载物台，从侧面观察油镜下端与标本之间的距离，当油镜的下端开始触及油滴时即可停止。从目镜观察，调节细准焦螺旋，直至看清标本物像。

观察完毕，上升镜筒或下降载物台，将油镜转离光轴，用干的擦镜纸轻轻地吸掉油镜和盖玻片上的油，再用浸湿二甲苯的擦镜纸擦拭两三次，最后用干净的擦镜纸再擦拭两三次。

显微镜取放时动作一定要轻，切忌震动和暴力，否则会造成光轴偏斜而影响观察，且光学玻璃也容易损坏。观察带有液体的临时标本时要加盖片，不能使用倾斜关节，以免液体污染镜头和显微镜。粗、细调节钮要配合使用，细调节钮不能单方向过度旋转，调节焦距时，要从侧面注视镜筒下降，以免压坏标本和镜头。镜检标本应严格按照操作程序进行，观察时要从低倍镜开始，看清标本后再转用高倍镜、油镜。使用油镜时一定要在盖玻片上滴油后才能使用。油镜使用完后，应立即将镜头、盖玻片上的油擦干净，否则干后不易擦去，以致损伤镜头和标本。但应注意二甲苯用量不可过多，否则，物镜中的树胶溶解，透镜歪斜甚至脱落，盖玻片移动甚至连同标本一起融掉。二甲苯有毒，使用后马上洗手。不可用手摸光学玻璃部分，显微镜光学部件有污垢，可用擦镜纸或绸布擦净，切勿用手指、粗纸或手帕去擦，以防损坏镜面。使用的盖玻片和载玻片不能过厚或过薄。标准的盖玻片厚度为 0.17 ± 0.02mm，载玻片为 $1.1+0.04$mm。过厚或过薄将会影响显微镜成像及观察。凡有腐蚀性和挥发性的化学试剂和药品，如碘、乙醇溶液、酸类、碱类等都不可与显微镜接触，如不慎污染时，应立即擦干净。不要任意取下目镜，谨防灰尘落入镜筒。实验完毕，要将玻片取出，用擦镜纸将镜头擦拭干净后移开，不能与通光孔相对。用绸布包好，放回镜箱。切不可把显微镜放在直射光线下曝晒。

（六）水浴锅

水浴锅亦称水浴恒温箱，用于培养、快速预加热培养基后转移到合适温度的培养箱中，以及用来熔化或保持培养基处于熔化的状态。它是由金属制成的长方形箱，箱内盛以温水，箱底装有电热丝，由自动调节温度装置控制。箱内水至少两周更换一次，并注意洗刷清洁箱内沉积物。

（七）冰箱

冰箱是微生物检验中必需的设备，主要用途是利用箱内一定的低温保存培养基、生物制品、菌种、送检标本和某些试剂、药品等。冰箱应定期除霜和清洁，清理时应戴厚橡胶手套并进行面部防护，清理后要对内表面进行消毒，对箱背散热器上的灰尘，至少每半年清扫一次，以免降低散热效果。

二、常用玻璃器皿

（一）玻璃器皿的种类

微生物检验室所用的玻璃器皿，大多要经过清洗、消毒、灭菌后用来培养微生物，因此玻璃器皿要求是能承受高温和短暂烧灼而不致破损的中性硬质玻璃，同时器皿的游离碱含量要少，否则会影响培养基的酸碱度。

l.试管

要求管壁坚厚，管直而口平，无翻口。试管的大小根据用途的不同，有以下规格：

13 mm×100 mm：生化反应、凝集反应及华氏血清试验用。

15 mm×150 mm：检样稀释，盛液体培养基或做琼脂斜面培养。

18 mm×180 mm：检样稀释，盛倒培养皿用的培养基，亦可做琼脂斜面用。

2.发酵管

发酵管用于观察细菌在糖发酵培养基内产气情况时，一般倒置在含糖液的培养基试管内。约6 mm（发酵管直径）×36mm（发酵管长度）。

3.刻度吸管（移液管）

刻度吸管用于准确吸取小量液体，其壁上有精细刻度，吸管上端刻有"吹"字。常用规格有1mL、5mL、10mL。与化学实验室所用的不同，其刻度指示的容量往往包括管尖的液体体积，故使用时要注意将所吸液体吹尽。严禁用口吸取液体。

4.培养皿

培养皿主要用于细菌的分离培养。常用培养皿有：90mm（皿底直径）×10mm（器皿高度）、50mm×10mm、75mm×10mm 和 100mm×10mm 等。平板计数一般用90mm×10mm规格的培养皿。

培养皿皿盖与底的大小应适合，不可过紧或过松，且应该耐高温、无色、透明性好、皿底平整、光滑。

5.三角瓶

三角瓶亦称锥形瓶，其底大口小，便于加塞，放置平稳。常用来贮存培养基、生理盐水和摇瓶发酵等。常用的规格有50mL、100mL、250mL、300mL、500mL、1000mL 等。

6. 烧杯

烧杯常用来配制培养基与药品。常用的烧杯规格有 50mL、100mL、250mL、500mL、1000mL 等。

7. 量筒、量杯

量筒、量杯常用于量取体积精度要求不高的液体。常用规格有 10mL、20mL、50mL、100mL、500mL 等。使用时不宜装入温度很高的液体，以防底座破裂。

8. 滴瓶

滴瓶用来贮存各种试剂、染色液等。有橡皮帽式、玻塞式滴瓶，棕色或无色滴瓶，常用容量有 30mL、60mL 等。

9. 试剂瓶

磨口塞试剂瓶分广口和小口，用来贮存各种试剂或酒精棉球。容量 30 ~ 1000mL 不等，可视试剂量选用不同大小的试剂瓶。

10. 载玻片、凹玻片和盖玻片

载玻片用于微生物涂片、染色，做形态观察等。普通载玻片大小为 75mmmL × 25mm，厚度一般为 1.0 ~ 1.5mm。

凹玻片是在一块厚玻片当中有一圆形凹窝，做悬滴观察细菌用。

盖玻片用于覆盖载玻片和凹玻片上的标本。其规格为 18mm × 18mm，厚度通常在 0.16 ~ 0.18mm。

11. 玻璃缸

缸内常盛放石炭酸或来苏水等消毒剂，以备浸泡用过的载玻片、盖玻片、吸管等。

（二）玻璃器皿的洗涤

玻璃器皿的洗涤是实验前的一项重要准备工作，洗涤方法根据器皿种类、污染程度、所盛放的物品、洗涤剂的类别等的不同而有所不同。

1. 新玻璃器皿

新购置的玻璃器皿含游离碱较多，使用前应在 2% 的盐酸溶液或蒸馏水中浸泡过夜

（12h），以除去游离碱，再用清水冲洗干净，最后用蒸馏水或去离子水涮洗 2 ~ 3 次，晾干或烘干后备用。

2. 带油污的玻璃器皿

带油污的玻璃器皿应单独洗涮，用加热的方法使油污熔化，趁热倒去污物，在 5% 的碳酸氢钠溶液中煮两次，再用肥皂水和热水洗刷，最后用清水冲洗干净。玻璃器皿经洗涤后，若内壁的水均匀分布成一薄层，表示油污完全洗净，或挂有水珠，则还须用洗涤液浸泡数小时，然后再用清水充分冲洗。

3. 带菌玻璃器皿的洗涤

（1）带菌试管、三角瓶的清洗

高压灭菌后，洗衣粉和去污粉洗刷，用自来水冲洗干净，烘干或晾干备用。

（2）含菌培养皿的洗涤

底盖分开放，经高压灭菌，趁热倒去污物，再用洗衣粉和去污粉洗刷，再自来水冲洗干净，烘干或晾干备用。

（3）含菌吸管的洗涤

把含菌吸管投入 3% 的来苏尔液或 5% 石炭酸溶液内浸泡数小时或过夜，经高压灭菌后用自来水冲洗干净，烘干或晾干备用。

（4）载玻片与盖玻片

用过的载玻片与盖玻片若带有香柏油：先用皱纹纸擦或在二甲苯中摇晃几次，使油污溶解，再在肥皂水中煮沸 5 ~ 10min，用软布或脱脂棉擦拭，立即用自来水冲洗，然后在稀洗涤液中浸泡 0.5 ~ 2h，用自来水冲洗，最后用蒸馏水冲洗数次，待干后浸在 95% 酒精中保存备用，使用时在火焰上烧去酒精即可，也可从酒精中取出，晾干备用。

用过带菌的载玻片与盖玻片：将载玻片及盖玻片分别浸入 5% 的来苏尔液内浸泡过夜，取出用清水冲洗干净；盖玻片用软布擦干即可；染色用的载玻片要放入肥皂水中煮沸 10min，再用自来水冲洗干净，最后用蒸馏水冲洗数次，待干后浸在 95% 酒精中保存备用，使用时在火焰上烧去酒精即可，也可从酒精中取出，晾干备用。

（三）玻璃器皿的包扎

玻璃器皿经清洗晾干，在灭菌前要进行包扎。

1. 培养皿

一般用 5 ~ 10 个培养皿叠在一起，用 4 开大小的报纸或牛皮纸将培养皿卷起，双手同时折报纸往前卷，让纸贴于平皿边缘，边卷边收边，最后的纸边折叠结实即可。

也可将培养皿装入市售的金属筒中进行干热灭菌（不必再用纸包），如图5-6所示。金属筒由一带盖外筒和带底框架组成，带底框架可从圆筒内提出，以便装取培养皿。

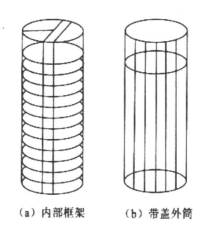

(a) 内部框架　　　　(b) 带盖外筒

图5-6　装培养皿的金属筒

2.吸管

吸管的包装方法，如图5-7所示。

准备好干燥的吸管，在距其粗头顶端约0.5cm处，用尖头镊子或针塞入一小段1.5cm长的棉花，以避免外界杂菌吹入管内，塞入的棉花不宜露在吸管口的外面，多余的可用酒精灯火焰把它烧掉。将报纸裁成宽5cm左右的长纸条，然后将吸管尖端斜放在旧报纸条的一端，与报纸成30°角，并将多余的一段报纸覆包住尖端，用左手握住管身，右手将吸管在桌面上向前搓转压紧，以螺旋式包扎起来，剩余纸条折叠打结。用记号笔在纸上标明毫升数，再用线绳分批捆扎好，以备干热灭菌。若有条件，也可将包装好的吸管放于特制的带盖不锈钢圆筒内，加盖密封后以备干热灭菌。

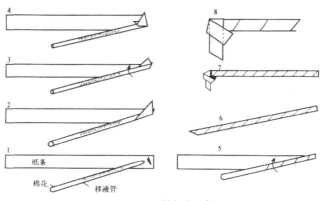

图5-7　单支吸管包装示意图

3. 试管、三角瓶

试管和三角瓶装培养基或生理盐水后，用棉花塞塞好试管口和三角瓶口，然后在棉花塞与管口（瓶口）的外面用二层报纸与细线扎好，才能进行灭菌。

棉花塞的作用：一是防止杂菌污染；二是保证通气良好。

正确的棉花塞要求形状、大小、松紧与试管口（或三角烧瓶口）完全适合，过紧则妨碍空气流通，操作不便；过松则达不到滤菌的目的。棉花塞制作过程如图5-8所示。

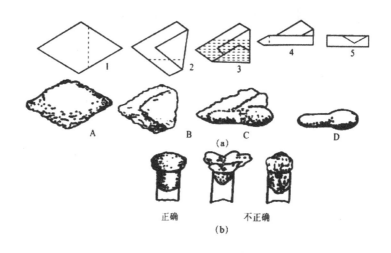

图 5-8　棉花塞制作示意图

视试管和三角瓶口的大小取适量棉花（最好选择纤维长的新棉花，不用脱脂棉做棉塞），分成数层，互相重叠，使其纤维纵横交叉，折叠卷紧，再用一方块纱布包好棉花塞，细绳系好。做好的棉花塞总长约4～5cm，管外的头部较大，约有1/3在管外，2/3在管内。

目前有采用金属或塑料试管帽或耐高温硅胶塞代替棉花塞，直接盖在或塞在试管口上，灭菌待用。有时为了进行液体振荡培养加大通气量，促使菌体的生长或发酵，可用8层纱布，或在两层纱布之间均匀铺一层棉花代替棉塞包于三角瓶口上。也有的采用无菌培养容器封口膜直接盖在瓶口上，既保证通气良好、过滤除菌，又操作简便。

第三节　微生物的培养技术

一、培养基的配制与灭菌技术

（一）培养基

培养基是按照微生物生长繁殖所需要的各种营养物质，用人工方法配制而成的基质。其中含有微生物生长所需的水分、碳水化合物、含氮化合物、无机盐及各种必需的维生素。培养基可以为微生物生长提供能源、组成菌体细胞的原料以及调节代谢活动。由于不同微生物营养类型不同，培养基种类也就很多，大致可分为以下几类。

1.根据营养物质来分

合成培养基：是由已知化学成分及数量的化学药品配制而成的。这种培养基成分精确，重复性强。但价格高，一般多用于实验室内供研究有关微生物的营养、代谢、分离和鉴定生物制品及选育菌种用。

天然培养基：采用化学成分还不十分清楚或化学成分不恒定的天然有机物，可用组织提取液等。如牛肉膏、酵母膏、麦芽汁、蛋白胨、牛奶、血清等。玉米粉、马铃薯配制方便、经济，运用于实验室和生产。

半合成培养基：在天然有机物的基础上，加入一些化学药品，以补充无机盐成分，使其更能充分满足生长需要。该培养基是使用最多的培养基。

2.根据培养基物理性状来分

液体培养基：不含凝固剂，利于菌体的快速繁殖、代谢和积累产物，一般用于生产。

流体培养基：含 0.05% ~ 0.07% 琼脂，增强培养基的黏度，可以降低空气中的氧气进入培养基的速度，使培养基保持长时间的厌氧条件，有利于一般厌氧菌的生长繁殖。

半固体培养基：加入 0.2% ~ 0.8% 琼脂，多用于细菌的动力观察、菌种传代保存及贮藏运输菌样等。

固体培养基：含有 1.5% ~ 2% 琼脂，使培养基成固体状，用于菌种保藏、分离、菌落特征观察、计数等。

3. 根据培养基的用途来分

基础培养基：满足一般微生物生长需要的营养物质。

加富培养基：在培养基中加入额外的营养物质，使某些微生物在其中生长，而不适合其他微生物生长。通常加入血、血清、动植物提取液。

选择培养基：在培养基中加入某些化学药品以抑制不需要的微生物生长，而促进需要的微生物生长，往往加入一些抑菌剂或杀菌剂。

鉴别培养基：根据微生物能否利用培养基中的某种成分，依靠指示剂的颜色反应，以鉴别不同种类的微生物。

（二）培养基配制原则

培养基配制原则有以下方面：①选择适宜的营养物质；②营养物质浓度及配比合适；③控制 pH 值条件和氧化还原电位；④原料来源和灭菌处理。

（三）培养基的配制方法

培养基的配制方法有以下方面：

1. 称量

按照配方的组分及用量，准确称取各成分于烧杯中。

2. 溶化

向上述烧杯中加入所需要的水量，搅动，然后加热使其溶解。然后加入其他成分继续加热至其溶化，补足水量。

3. 调节 pH 值

根据要求调 pH 值，用 0.1 mol/L NaOH 或 1mol/LHCl 调至合适的范围。

4. 分装

根据所需数量，将制好的培养基分装入试管或三角烧瓶内，管（瓶）口塞上棉塞（或硅胶塞），用报纸或牛皮纸包扎管（瓶）口。

液体培养基根据需要分装于不同容量的三角烧瓶中，分装的量不宜超过容器的 2/3 以免灭菌时外溢。液体培养基分装于试管中，约是试管长度的 1/3。

固体琼脂斜面分装量为试管容量的 1/5，灭菌后须趁热放置成斜面，斜面长约为全长的 2/3。半固体培养基分装量约为试管长的 1/3。

5.包扎

对于中试管可每 10 ~ 15 支用线绳捆扎好，再在棉塞外包报纸或牛皮纸，以防止灭菌时冷凝水润湿棉塞，其外再用一道线绳扎紧，并用记号笔注明培养基名称、组别、配制日期，如图 5-9 所示。三角瓶加塞后，每只单独用报纸或牛皮纸包好，用线绳以活结形式扎紧，使用时容易解开，并用记号笔注明培养基名称、组别、配制日期。

图 5-9　包扎成捆

（四）培养基制作注意事项

培养基制作注意事项有以下方面：①加热熔化过程中，要用搅拌棒贴烧杯底不断搅拌，以免琼脂或其他物质粘在烧杯底上烧焦炭化，甚至导致烧杯破裂，加热过程中所蒸发的水分应补足；②所用器皿要洁净，勿用铜质和铁质器皿；③分装培养基时，注意不得使培养基在瓶口或管壁上端沾染，以免引起杂菌污染；④培养基的灭菌时间和温度，需按照各种培养基的规定进行，以保证杀菌效果和不损失培养基的必要成分，培养基灭菌后，必须放在 37℃恒温箱培育 24h，无菌生长方可使用。⑤对于新开封的脱水培养基，应对其质量进行检查，通过粉末的流动性、均匀性、结块情况和色泽变化等判断脱水培养基的质量变化，若发现培养基受潮或物理状态发生明显的改变则不应再使用。⑥对于商品化培养基，基础培养基应在 4℃冰箱中保存不超过 3 个月，或在室温下保存不超过 1 个月，以保证其成分不会改变，不稳定的选择性物质和其他添加成分应即配即用，对发生化学反应或含有不稳定成分的固体培养基也应即配即用，不可二次熔化。⑦观察培养基琼脂层的厚度、色泽、透明度、凝固稳定性、稠度和湿度是否存在肉眼可见的杂质。当培养基出现脱水、杂质沉淀等现象时，应禁止使用。⑧对于由商品化合成脱水培养基制备的培养基，应进行质控菌株的测试。对于选择性固体培养基，应使用质控菌株培养物进行画线接种，观察菌落形态特征是否符合，如菌落特征符合，才能使用。对于诊断血清，应使用质控菌株的琼脂培养物进行凝集试验，能够发生凝集才能使用。对于糖发酵管等，应接种质控菌株培养物，如在规定时间内，发生明显的阳性反应，才能使用。⑨质控菌株主要购置有资质的标准菌株保藏单位，也可以是实验室自己分离的具有良好特性的菌株。每种培养基的质控菌株应包括具有典型反应特性的阳性菌株、阴性菌株。

（五）培养基及常用器皿的灭菌

培养基在接入纯种前必须先行灭菌，使培养基呈无菌状态。培养基可分装入器皿中一起灭菌，也可在单独灭菌后以无菌操作分装入无菌的器皿中。培养微生物常用的玻璃器皿主要有试管、三角瓶、培养皿、吸管等，在使用前也必须先进行灭菌，使容器中不含任何杂菌。

1.培养基与器皿的高压蒸汽灭菌

一般培养基、生理盐水、耐热药物及琉璃器皿等常采用高压蒸汽灭菌法。该法的优点是时间短、灭菌效果好。它可以杀灭所有的微生物，包括最耐热的细菌芽孢及其他休眠体。

（1）须灭菌的物品（分装在试管、三角烧瓶中的固、液体培养基），加上棉塞或硅胶塞，用报纸或牛皮纸包好（防止锅内水汽把棉塞淋湿），放入灭菌锅内的套筒中。摆放不可太挤，否则阻碍蒸汽流通，影响灭菌效果。

（2）关闭灭菌锅盖，旋紧螺栓，切勿漏气。

（3）打开放气阀，加热，蒸汽上升，以排除锅内冷空气。排汽约5min，关闭放气阀。

（4）关闭放气阀后，灭菌锅处于密闭状态，随着加热，锅内蒸汽不断增多，这时压力和温度都上升，当温度升至121℃，压力达0.1MPa时，按要求保持15～20mm。

（5）灭菌完毕，待压力表上压力读数自然降至"0"时，打开放气阀。注意不能打开过早，否则突然降压会致使培养基冲腾，使棉塞、硅胶泡沫塞沾污，甚至冲出容器以外。

（6）打开灭菌锅盖，取出已灭菌的器皿及培养基。

2.干热灭菌法

常用于空玻璃器皿、金属器皿及其他干燥耐热的物品的灭菌。凡带有橡胶或塑料的物品、液体及固体培养基等，都不能用干热法灭菌。进行灭菌时，先将要灭菌器皿（培养皿、吸管）包好，放入电热烘箱内，调节温度至160～170℃，维持1～2h。灭菌后，当温度降至30P～40℃时，打开箱门，取出灭菌器皿。

二、无菌操作技术

微生物无处不在，无孔不入，在进行食品微生物检验时，必须随时注意待检物品不被环境中微生物所污染，防止被检微生物在操作中污染环境或感染操作人员。因此，微生物检验均应在无菌环境下进行严格的无菌操作。

（一）有关概念

1.防腐

防止或抑制微生物生长繁殖的方法称为防腐。用于防腐的药物称为防腐剂。某些药物在低浓度时是防腐剂，在高浓度时则为消毒剂。

2.消毒

用物理的、化学的或生物学的方法杀死病原微生物的过程称为消毒。具有消毒作用的药物称为消毒剂，一般消毒剂在常用浓度下，只对细菌的繁殖体有效，对于细菌芽孢则无杀灭作用。

3.灭菌

杀灭物体中或物体上所有微生物（包括病原微生物和非病原微生物）的繁殖体和芽孢的过程称为灭菌，即灭菌是杀死或消灭一定环境中的所有微生物。灭菌的方法分物理灭菌法和化学灭菌法两大类。

4.无菌

无菌是不含有活的微生物的意思。防止微生物进入机体或物体的方法叫无菌技术或无菌操作。

（二）灭菌方法

1.物理灭菌法

物理灭菌法分为光、热及机械等方法，可随不同需要选择采用。凡供细菌学检验用的培养基及器械，常借热力灭菌，即加热灭菌；若遇易被热破坏的液体培养基可用机械过滤除菌法；对于空气、不耐热物品或包装材料的表面消毒可用紫外线照射消毒。最常用的物理灭菌法有：干热灭菌法、湿热灭菌法、过滤除菌法、紫外线杀菌法。

另外，被污染的纸张、实验动物尸体等无经济价值的物品可以通过火来焚烧掉；对于接种环、接种针或其他金属用具等耐燃物品，可直接在酒精灯火焰上烧至红热进行灭菌；在接种过程中，试管或三角瓶口也采用灼烧灭菌法通过火焰而达到灭菌的目的。

2.化学灭菌法

使用化学药物进行灭菌的方法叫化学灭菌法。

化学物质对微生物的影响，分为三种情况：作为微生物所需要的营养物质，促进微生物的代谢活动；抑制微生物的代谢活动，起抑菌作用；破坏微生物的代谢机制或菌体结构，起杀菌作用。化学物质对微生物的作用是抑菌还是杀菌，常常是相对的，不易严格地区分，通常情况下取决于浓度，较高的浓度可以杀菌，较低的浓度可以抑菌。另外，还与微生物种类、化学物质与微生物接触的时间长短、温度的高低等因素有关。能抑菌的化学药物称为抑菌剂，能杀灭病原菌的化学药物称为消毒剂。消毒剂对细菌和机体都有毒性，故只能用于体表或物品的消毒。理想的消毒剂应杀菌力强、价格低廉、能长期保存、无腐蚀性、对机体毒性或刺激性小。

（三）无菌操作技术

在微生物实验工作中，控制或防止各类微生物的污染及其干扰的一系列操作方法和有关措施即为无菌操作技术。如培养基经高压灭菌后，用经过灭菌的工具（如接种针和吸管等）在无菌条件下接种含菌材料（如样品、菌苔或菌悬液等）于培养基上，这个过程叫作无菌接种操作。

（四）无菌环境条件

无菌环境操作是指在无菌室、超净工作室或超净工作台等无菌或相对无菌的环境条件下进行操作。

目前常用的是无菌室或超净工作台。无菌室是在工作前的一段时间内，先用紫外线灯或化学药剂对室内空气进行灭菌，以维持其相对无菌状态；超净工作台是通过超细过滤的无菌空气，以维持其无菌状态的。

（五）无菌操作

进行微生物学实验操作时，须严格注意无菌操作。进入无菌室前的准备要求：①定期检查无菌环境的空气是否符合规定；②用紫外线灭菌处理 30 ~ 60min；③检查无菌器材是否完备；④洗手消毒；⑤手部消毒后，再穿戴无菌工作服。

检验操作过程的无菌操作要求：①在操作中不应有大幅度或快速的动作；②使用玻璃器皿应轻取轻放；③在酒精灯火焰正上方操作；④接种用具在使用前、后都必须用酒精灯火焰灼烧灭菌；⑤在接种培养物时，动作应轻、准；⑥不能用嘴直接吸吹吸管；⑦带有菌液的吸管、玻片等器材应及时置于盛有 5% 来苏尔溶液的消毒桶内消毒。

三、微生物接种、分离纯化技术

（一）接种

将微生物的培养物或含有微生物的样品移植到适于它生长繁殖的培养基的过程叫作接种。接种是食品微生物检验最基本的一项操作技术。接种的关键是要严格地进行无菌操作，如操作不慎引起污染，则检验结果就不可靠，影响下一步工作的进行。

（二）分离与纯化

从混杂微生物群体中获得只含有某一种或某一株微生物的过程称为分离与纯化，方法有：稀释混合倒平板法、稀释涂布平板法、平板画线分离法、稀释摇管法、液体培养基分离法、单细胞分离法、选择培养分离法等。其中前三种平板分离法最为常用，不需要特殊的仪器设备，分离纯化效果好。

l. 稀释混合倒平板法

该法是先将待分离的含菌样品，用无菌生理盐水做一系列的稀释（常用 10 倍稀释法），然后分别取不同稀释液少许（0.5 ~ 1mL）于无菌培养皿中，倾入已熔化并冷却至46℃左右的营养琼脂培养基 15 ~ 20mL，迅速旋摇，充分混匀。待琼脂凝固后，即成为可能含菌的琼脂平板。于恒温箱中倒置培养一定时间后，在营养琼脂平板表面或培养基中即可出现分散的单个菌落。每个菌落可能是由一个细胞繁殖形成的。挑取单个菌落，一般再重复该法 1 ~ 2 次，结合显微镜检测个体形态特征，便可得到真正的纯培养物。若样品稀释时能充分混匀，取样量和稀释倍数准确，则该法还可用于活菌计数测定。稀释混合倒平板法如图 5-10 所示。

倒平板的方法：右手持盛有培养基的试管或三角瓶置火焰旁边，用左手将试管塞或瓶塞轻轻拔出，试管或瓶口保持对着火焰；然后左手拿培养皿并将皿盖在火焰附近打开一条缝迅速倒入培养基约 15 ~ 20mL，加盖后轻轻摇动培养皿，使培养基均匀分布在培养皿底部，然后平置于桌面上，凝固后即为平板。

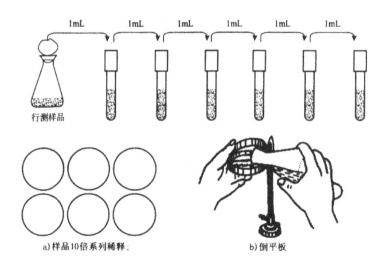

a)样品10倍系列稀释；　　　　　　　　b)倒平板

图 5-10　稀释混合倒平板法操作示意图

2.稀释涂布平板法

该法是将已熔化并冷却至约46℃（减少冷凝水）的营养琼脂培养基先倒入无菌培养皿中，制成无菌平板，待充分冷却凝固后，将一定量（约0.1mL）的某一稀释度的样品悬液滴加在平板表面，再用三角形无菌玻璃涂棒涂布，使菌液均匀分散在整个平板表面，倒置于恒温箱中培养。玻璃涂布棒的制作及涂布操作如图5-11、图5-12所示。

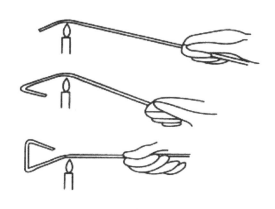

图 5-11　玻璃涂棒的制作

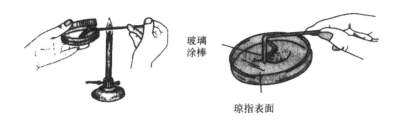

玻璃
涂棒

琼指表面

图 5-12　涂布操作

3.平板画线分离法

先倒制无菌琼脂培养基平板，待充分冷却凝固后，用接种环无菌蘸取少量待分离的含菌样品，在无菌琼脂平板表面进行有规则的画线。画线的方式有连续画线、平行画线、扇形画线或其他形式的画线。通过这样在平板上进行画线稀释，微生物细胞数量将随着画线次数的增加而减少，并逐步分散开来。经培养后，可在平板表面形成分散的单个菌落。但单个菌落并不一定是由单个细胞形成的，须再重复画线 1 ~ 2 次，并结合显微镜检测个体形态特征，才可获得真正的纯培养物。该法的特点是简便快速，如图5-13所示。

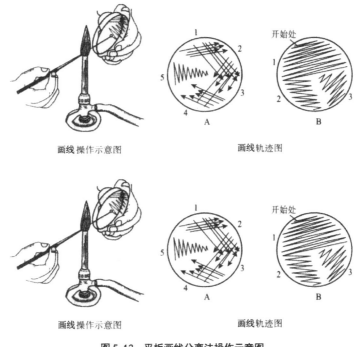

画线操作示意图　　　　　　　　　画线轨迹图

画线操作示意图　　　　　　　　　画线轨迹图

图 5-13　平板画线分离法操作示意图

A—画线方法 I；B—画线方法 2；1～5—画线步骤

第四节　食品出厂检验项目常见微生物指标的测定

一、食品中有害微生物蛋白质芯片快速检测技术

（一）蛋白质芯片技术概述

1. 蛋白质芯片技术基本原理

为了进一步揭示动植物细胞内各种代谢过程与蛋白质之间的关系以及某些病症发生的分子机理，必须对蛋白质的功能进行更深入的研究。蛋白质芯片技术就是为满足人们对蛋白质的高通量、大信息量、平行分析研究应运而生的。

蛋白质芯片是一种新型的生物芯片，由固定不同种类支持介质上的蛋白微阵列组成，阵列中固定分子的位置及组成是已知的，用未经标记或标记（荧光物质、酶或化学发光物质等标记）的生物分子与芯片上的探针进行反应，然后通过特定的扫描装置进行检测，结果由计算机分析处理。蛋白质芯片特异性强，这是由抗原抗体之间、蛋白与配体之间的特异性结合决定的；灵敏度高，可以检测出样品中微量蛋白的存在，检测水平已达 ng 级；通量高，在一次实验中对上千种目标蛋白同时进行检测，效率极高；重复性好，不同次实验间相同两点之间差异很小；应用性强，样品的前处理简单，只须对少量实际标本进行沉降分离和标记后，即可加于芯片上进行分析和检测。

蛋白质芯片根据功能可分为功能研究型芯片和检测型芯片。功能研究型芯片多为高密度芯片，载体上固定的是天然蛋白质或融合蛋白。该种芯片主要用于蛋白质活性以及蛋白质组学的相关研究。检测型芯片的密度相对较低，固定的是抗原、抗体等，主要用于生物分子快速检测。

蛋白质芯片的载体基本还是沿用了基因芯片的载体，主要有滤膜类、凝胶类以及玻璃片类。其中滤膜类和凝胶类具有蛋白质固定量大、蛋白质活性高、能够为蛋白质固定提供三维空间等优点，但这些载体往往不能满足蛋白质机械点样强度高的要求，同时点在上面的样品易发生扩散导致不同样品之间相互干扰。玻璃片具有表面光滑、成本低、性能稳定等优点，已经被广泛应用于蛋白质芯片的制作。为了使蛋白质能牢固地固定在玻片表面，必须对玻片的表面进行修饰，通常选择具有双功能基团的硅烷作为连接分子，其中一端功能基团和玻片上的羟基结合，另一端功能基团和蛋白质的氨基、羧基、羟基或巯基等相连。但是这类固定方法中，固定在玻片上的蛋白质是方向各异的，因此有一部分蛋白质由于没有游离的反应域而在后继的过程中不能与待测样品中的相应组分发生生物学反应。为了更好地保持被固定蛋白质的活性，可利用与基因芯片制作相似的点样技术，制作一张含1 万多个点的蛋白质芯片，为了确保不同分子量的蛋白质都能够被固定在玻片上，在玻片表面涂上牛血清白蛋白（BSA），然后用 N,N′ – 二琥珀酰胺碳酸激活 BSA 表面的赖氨酸、天冬氨酸和谷氨酸残基，使它们成为 BSA-NHS，而促进 BSA 与点样蛋白质的结合，从而大大提高了固定蛋白质中活性蛋白质分子的比例，增加了检测的灵敏度。

探针蛋白的制备：蛋白质芯片要求在载体上固定大量亲和性高、特异性强的探针。探针可根据研究目的不同，选用不同的抗原、抗体、酶和受体等。由于具有高度的特异性和亲和性，单克隆抗体是比较好的一种探针蛋白，用其构筑的芯片可用于检测蛋白质的表达丰度以及确定新的蛋白质。但是，传统的单克隆抗体杂交瘤细胞技术具有时间长、产量低等缺点，已经不能满足芯片生产的需要。所以，如何大量生产和纯化抗体成为蛋白质芯片发展的关键之一。

2. 蛋白质芯片技术特点

（1）芯片制作中须确保固定蛋白质的活性，此过程最为关键的因素就是适合大多数蛋白质的载体的选择及载体表面处理修饰技术。

（2）基因芯片与蛋白质芯片的差异是：基因芯片通过检测 mRNA 的丰度或者 DNA 的拷贝数来确定基因的表达模式和表达水平，根据 mRNA 的水平（包括 mRNA 的种类和含量）并不足以估计蛋白质的表达水平。实际上，对于某些基因，当 mRNA 的水平相等时，蛋白质的表达水平可以相差 20 倍以上，反之，当某一蛋白质的表达稳定在某水平时，各转录 mRNA 的水平也可相差达 30 倍，单凭基因芯片检测结果是不能完全反映出生物体内的蛋白质水平的，要想得到完整的生物信息，解决办法之一就是直接研究基因的表达产物——蛋白质。

利用蛋白质芯片进行检测时，样品可以是未经提纯的含待测蛋白的样品液等，但有时由于样品中存在的其他物质的影响，也会降低检测的灵敏度，而且可能出现假阳性结果，因此在检测前对样品进行适当的提取、纯化等预处理也是必要的。

（二）蛋白质芯片的制作技术

1. 实验目的

学习了解蛋白质芯片制备的基本操作方法及特点。

2. 试剂材料

（1）实验材料
蛋白质或肽，载玻片。
（2）实验试剂
乙醛，硅烷试剂，牛血清白蛋白 BSA，PBS℃（含 0.1% 吐温 -20 的 PBS）。

3. 仪器设备

载玻片，自动点样机，光谱检测器。

4. 操作步骤

（1）载体表面的化学处理
通常用含乙醛的硅烷试剂处理载玻片，使载玻片表面的醛基与蛋白质的氨基反应，形成西佛碱，从而将蛋白质固定，这种方法适合固定较大的蛋白质分子。对于固定较小的蛋白质分子或肽，则用 BSA–NHS 修饰载玻片，先在载玻片上吸附上一层 BSA（bovine serum albumin）分子，然后用 N，N′ –disuccimmidel carbonate 激活 BSA 分子，使 BSA 上活化的 Lys、Asp、Glu 与待固定蛋白质氨基或醛基发生反应，形成共价连接。
（2）蛋白质预处理
通常用来制备芯片的蛋白质最好具有较高的纯度和完好的生物活性，所以点样前必须选择合适的缓冲液将蛋白质融解，一般是采用含 40% 甘氨酸的 PBS 缓冲液，这可以防止溶液蒸发，蛋白质在芯片的整个制作过程中保持水合状态，防止蛋白质变性。
（3）芯片的点印
目前点印蛋白质芯片采用的方法是利用机械带动的点样头进行，点样头为不锈钢针头，与 DNA 芯片的点样仪相似。为了防止芯片表面水分蒸发，造成点印不均匀或使蛋白质变性，点样应处于密闭且保持一定湿度的空间进行。

（4）配基的固定

以乙醛基或 BSA–NHS 修饰的载玻片为载体的芯片，其固定原理在载体的表面处理中已说明。需说明的是蛋白质测定的固定技术影响着蛋白质芯片的发展速度，因为蛋白质有比核酸更为复杂的化学性质。封阻后，用PBS溶液（含0.1%吐温–20 的PBS）反复洗涤芯片，将多余封阻剂洗去。

（5）芯片的封阻

蛋白质固定后要将载体上其他无蛋白质样品区域封阻，以防止待测样品中的蛋白质与之结合，形成假阳性，针对上述几种载体，封阻所用的试剂主要有 BSA 和 Gly 两种。封阻后，用 PBS℃（含 0.1% 吐温 –20 的 PBS）反复洗涤芯片，将多余封阻剂洗去。

（6）检测及分析

根据样品是否与载体上固定的配基进行特异性反应，检测出样品中是否含与配基相互作用的分子，并能鉴定其组分。目标蛋白可在芯片表面直接检测，也可从芯片上洗脱后间接检测。直接检测法包括折射指数变化表面等离子体共振法、固相激光激发时间分辨荧光光谱法、增强化学发光法、表面增强激光解吸 / 离子化质谱法、荧光偏振导向法。间接检测法多数是将蛋白质芯片与电喷雾离子化、基质辅助激光解吸 / 离子化质谱联用。

5. 结果分析

每个芯片的制作过程中应设计有阴阳性对照反应，或已在多次实验中找到一个判断阴阳性结果的界值，作为判断结果的根据。

6. 方法分析与评价

通常用来制备芯片的蛋白质最好具有较高的纯度和完好的生物活性，所以点样前必须选择合适的缓冲液将蛋白质融解，一般是采用含40% 甘氨酸的 PBS 缓冲液，这可以防止溶液蒸发，使蛋白质在芯片的整个制作过程中保持水合状态，防止蛋白质变性。如果蛋白质发生浑浊则要至少通过微孔滤膜过滤后才能使用。载体表面的化学处理是关键的步骤，应根据蛋白质性质和大小来选择不同的处理方式，处理操作要均一，以免造成后续试验的失败。

点印时一定要防止芯片表面水分过度蒸发而造成点印不均匀或使蛋白质变性，因此点样最好处于密闭且保持一定湿度的空间进行。

（三）食品中有害微生物的蛋白间接检测技术

l. 实验目的

学习蛋白质芯片间接检测法的基本原理方法。

2. 原理

间接检测法，即样品中的被检测物质要预先用标记物进行标记，与蛋白质芯片发生特异性的结合后，使用特定的检测或扫描装置将信号收集，再经计算机分析处理。目前，标记物主要包括荧光物质、化学发光物质、酶及同位素等。目前在蛋白质芯片检测中应用最广的是荧光染料标记。

3. 试剂材料

（1）试验材料

食品或者动植物微生物组织。

（2）试验试剂

蛋白质提取缓冲液（PBS）。

4. 仪器设备

蛋白质芯片，芯片检测仪。

5. 操作步骤

第一，从细胞和体液中提取出的蛋白质混合物。

第二，与一系列不同性质的蛋白质芯片相结合。

第三，洗去不与芯片结合的蛋白。

第四，用荧光染料直接标记待检测的蛋白质，或用荧光染料标记该蛋白质的二抗，和芯片上的蛋白质结合。

第五，用激光扫描和 CCD 照相技术检测激发的荧光信号。

第六，用计算机和相应的软件系统进行分析。

6. 结果分析

根据蛋白质芯片检测仪分析出的相应谱图来对目的蛋白的有无以及含量多少做出定性定量的判断。

7. 方法分析与评价

第一，该方法原理简单，使用安全，且有很高的分辨率，特别是双色光的应用大大方便了表达差异检测的分析。

第二，利用蛋白质芯片进行检测时，样品可以是未经提纯的含待测蛋白的样品液等，但有时由于样品中存在的其他物质的影响，也会降低检测的灵敏度，而且可能出现假阳性结果，因此在检测前对样品进行适当的提取、纯化等预处理也是必要的。

二、食品中的有害微生物 DNA 芯片快速检测技术

（一）DNA 芯片技术概述

1.DNA 芯片技术的基本原理

基因芯片（又称 DNA 芯片、生物芯片）技术系指将大量（通常每平方厘米点阵密度高于 400）探针分子固定于支持物上后与标记的样品分子进行杂交，通过检测每个探针分子的杂交信号强度进而获取样品分子的数量和序列信息。基因芯片技术由于同时将大量探针固定于支持物上，所以可以一次性对样品大量序列进行检测和分析，从而解决了传统核酸印迹杂交技术操作繁杂、自动化程度低、操作序列数量少、检测效率低等不足。而且，通过设计不同的探针阵列、使用特定的分析方法可使该技术具有多种不同的应用价值，如基因表达谱测定、实变检测、多态性分析、基因组文库作图及杂交测序等。

基因芯片的主要类型。目前已有多种方法可以将寡核苷酸或短肽固定到固相支持物上，主要有原位合成与合成点样法等。支持物有多种如玻璃片、硅片、聚丙烯膜、硝酸纤维素膜、尼膜等，但须经特殊处理。做原位合成的支持物在聚合反应前要先使其表面衍生出羟基或氨基并与保护基建立共价连接；做点样用的支持物为使其表面带上正电荷以吸附带负电荷的探针分子，通常须包被氨基硅烷或多聚赖氨酸等。

基因芯片应用主要包括基因表达检测、突变检测、基因组多态性分析和基因文库作图以及杂交测序等方面。在基因表达方面人们已成功地对多种生物如酵母及人的基因组表达情况进行了研究，并且用于核酸突变的检测及基因组多态性的分析。

2.DNA 芯片技术特点

第一，基因芯片技术成本昂贵、复杂、检测灵敏度较低、重复性差、分析范围较狭。这些问题主要表现在样品的制备、探针合成与固定、分子的标记、数据的读取与分析等几个方面。

第二，样品制备时，在标记和测定前通常都要对样品进行一定程度的扩增以便提高检测的灵敏度。

第三，探针的合成与固定比较复杂，特别是对于制作高密度的探针阵列。使用光导聚合技术每步产率不高（95%），难以保证好的聚合效果。也有用压电打压、微量喷涂等方法的，但很难形成高密度的探针阵列，所以只能在较小规模上使用。

第四，目标分子的标记是一个重要的限速步骤，如何简化或绕过这一步目前仍然是难点。

第五，目标分子与探针的杂交会出现某些问题：首先，由于杂交位于固相表面，所以有一定程度的空间阻碍作用，有必要设法减小这种不利因素的影响。可通过向探针中引入间隔分子而使杂交效率提高；其次，探针分子的 GC 含量、长度以及浓度等都会对杂交产

生一定的影响，因此需要分别进行分析和研究。

第六，基因芯片上成千上万的寡核苷酸探针由于序列本身有一定程度的重叠因而产生了大量的丰余信息。在信号的获取与分析上，当前多使用荧光法进行检测和分析，重复性较好，但灵敏度仍然不高，要对如此大量的信息进行解读，仍是目前的技术难题。

（二）食品中致病菌的基因芯片检测技术

1. 实验目的

学习了解基因芯片技术的基本原理及方法特点。

2. 试剂材料

（1）实验材料
基因芯片、致病菌。
（2）实验试剂
乙醛，硅烷试剂，BSA，PBS（含 0.1% 吐温 –20 的 PBS）。

3. 仪器设备

载玻片、自动点样机、光谱检测器。

4. 操作步骤

（1）PCR 扩增引物及基因芯片探针设计
细菌 16S rRNA 保守性强，在生物进化过程中比其他基因演化慢，被冠之以细菌分类的"化石"之名。在 16S rRNA 基因中既有序列一致的恒定区，也有序列互不相同的可变区，恒定区和可变区交错排列。因此可以在 16S rRNA 恒定区设计 PCR 引物，用一对引物就可以将所有致病菌的相应基因片段全部扩增出来，在可变区设计检测探针并制作基因芯片。
（2）芯片准备
对芯片的介质表面进行氨基化、硅烷化或二硫键修饰处理是基因芯片技术的重要组成部分。利用基因芯片点样仪，将引物及探针 DNA 分子点涂在经过修饰的玻片等载体上，即制成芯片。DNA 芯片的制作有几种不同的方式：外合成芯片制备，如化学喷射法和接触式点涂法；原位合成芯片制备，如高压电喷头合成法和光引导原位合成法。所用寡核苷酸均先已合成完毕，再固定于载体上，变成芯片。芯片制备好后，便可用于检测食品中未知致病菌。
（3）待测食品致病菌样品处理
待测致病菌样品在培养后进行裂解，提取致病菌的模板 DNA，采用聚合酶链式反应（PCR）扩增，对扩增出来的产物进行荧光标记。再用 2.0% 琼脂糖凝胶电泳检测，得到的荧光标记产物可用于杂交试验。

（4）杂交

将扩增后并已标记的待测致病菌 DNA 标品滴加于基因芯片上，与芯片上的特异性 DNA 进行杂交。被检测的致病菌如果存在，其 DNA 便与芯片 DNA 杂交成功，经洗涤晾干后进行结果分析。

（5）结果检测与分析

采用芯片扫描仪如荧光扫描仪、共聚焦显微镜等进行检测，根据荧光强弱来确定被测致病菌是否存在。

5. 结果分析

在每个芯片的制作过程中应设计有阴阳性对照反应，或已在多次实验中找到一个判断阴阳性结果的界值，作为判断结果的根据，通过有无及强弱来确定被测致病菌是否存在。

6. 方法分析与评价

第一，芯片检测结果的可靠性与芯片的设计密切相关。芯片包含的探针种类和探针的特异性是决定芯片的最重要因素，寡核苷酸探针是通过与互补序列形成双螺旋结构而成为监测目标核酸的有效方法。碱基互补配对原则的严谨性保证了杂交反应的特异性，但是生物物种都有一定的同源性，这就需要在比较引物和探针的同源性时特别严谨。载体表面的化学处理也是很关键的步骤，应根据蛋白质的性质和大小来选择不同的处理方式，处理时操作要均一，以免造成后续试验的失败。

第二，使用基因芯片检测时一定要使用内参照基因来做阳性标准，真核生物使用 18S 通用引物，原核生物使用 16S 通用引物。

第六章　食品包装材料和容器中有害物质的检测技术

第一节　塑料制品

塑料是以一种高分子聚合物树脂为基本成分，再加入一些用来改善性能的各种添加剂制成的高分子材料，分为热塑性塑料和热固性塑料。用于食品包装材料及容器的热塑性塑料有聚乙烯（PE）、聚丙烯（PP）、聚酯（PET）、聚苯乙烯（PS）、聚氯乙烯（PVC）、聚碳酸酯（PC）等；热固性塑料有三聚氰胺（蜜胺）及脲醛树脂（电玉）等。作为包装材料物质进行应用，大多数塑料材料可达到食品包装材料对卫生安全性的要求，但仍存在着不少影响食品的不安全因素，塑料包装材料中有害物质的主要来源有如下几方面：树脂本身有一定毒性；树脂中残留的有毒单体、裂解物及老化产生的有毒物质；塑料制品在制造过程中添加的稳定剂、增塑剂、着色剂等添加剂带来的毒性；塑料包装容器表面的微生物及微尘杂质污染；塑料回收料再利用时附着的一些污染物和添加的色素可造成食品污染。

食品包装中常用的塑料聚乙烯、聚丙烯和聚酯加工过程中助剂使用较少，树脂本身比较稳定，它们的安全性是很高的；但聚苯乙烯、聚氯乙烯、聚碳酸酯等食品包装用塑料树脂、成型品中残留单体超量会构成安全问题。

在塑料食品容器、包装材料的卫生标准中，均以各种浸泡剂对塑料制品进行溶出试验，然后测定浸泡液中有害成分的迁移量。溶剂的选择以食品容器、包装材料接触的食品种类而定。模拟中性食品时可选用水做溶媒，模拟酸性食品时用4%乙酸做溶媒，模拟碱性食品时用碳酸氢钠做溶媒，模拟油脂食品时用正己烷做溶媒，模拟含酒精的食品时用乙醇作溶媒。实验时根据模拟的条件，以不同温度和时间进行浸泡，然后测定浸泡液中的溶出物总量（以高锰酸钾消耗量计）、重金属、蒸发残渣以及各单体物质等的含量。

一、聚乙烯（PE）制品的检测

聚乙烯是乙烯的聚合物，为半透明和不透明的固体物质。由于聚合时加压不同分为高压聚乙烯（低密度）和低压聚乙烯（高密度）两种，高压聚乙烯质地柔软，不耐高温，宜制成薄膜或食品袋；高密度聚乙烯（HDPE）用于制成食用油的容器。聚乙烯塑料属于聚烯烃类长直链烷烃树脂，本身是一种无毒材料，其毒性可属"极小"或"无害"级。聚乙烯塑料的污染物主要包括聚乙烯中的单体乙烯、低分子量聚乙烯、添加剂残留以及回收制品污染物。其中乙烯有低毒，由于沸点低，极易挥发，在塑料包装材料中残留量极低，加入的添加剂量又很少，基本不存在残留问题，一般认为聚乙烯塑料是安全的包装材料；低分子量聚乙烯较易溶于油脂，使油脂具有蜡味，影响产品质量，故不适于盛装油脂；回收再生制品上常残留有许多有害污染物，同时为了掩盖色泽上的缺陷，制作时常添加大量深色染料，不符合食品卫生标准，因此，一般规定聚乙烯回收再生品不能再用于制作食品的包装容器。

（一）取样方法

树脂：每批按包数的 10% 取样，小批时不得少于 3 包。从选出的包数中，用取样针等取样工具伸入包深度的 3/4 处取样，取出样品的总量不少于 2kg，将此样品迅速混匀，用四分法缩分为每份 500g，装于 2 个清洁干燥的 250mL 玻璃磨口广口瓶中；成型品：每批按 1‰ 取样，小批时取样数不少于 10 只（以 500n）L 容量瓶 / 只计，小于 500mL/ 只时，试样应相应加倍取量）。分别注明产品名称、批号、取样日期。其中半数供实验用，另半数做为仲裁分析用（保存 2 个月）。样品洗净待用。

（二）样品处理

根据测定项目的不同，按每平方厘米接触面积加入 2mL 浸泡液或在容器中加入浸泡液至 2/3 ~ 4/5 容积。须注意所有项目均需要测定平行样品，同时一种浸泡液可能用于测定多个检验项目。

（三）蒸发残渣测定

l. 原理

蒸发残渣是指样品经用各种浸泡液浸泡后，包装材料在不同浸泡液中的溶出量。用水、4% 乙酸、65% 乙醇、正乙烷 4 种溶液模拟水、酸、酒、油类不同性质的食品接触包装材料后包装材料的溶出情况口

2. 试剂

水、65% 乙醇、正己烷、4% 乙酸 [配制：量取冰乙酸 4mL 或 36%（体积分数）乙酸 11mL，用水稀释至 100mL]。

3. 仪器、器材

烘箱、玻璃蒸发皿或小瓶浓缩器、分析天平、水浴锅、干燥器等。

4. 测定

（1）测定

取各浸泡液 200mL，分次置于预先在 100±5℃ 干燥至恒重的 50mL 玻璃蒸发皿或小瓶浓缩器(为回收正己烷用)中，在水浴上蒸干，于 100±5℃ 干燥 2h。在干燥器中冷却 0.5h 后称量，再于 100±5℃ 干燥 1h，取出，在干燥器中冷却 0.5h，称量。

（2）同时取同种未经样品浸泡的浸泡液进行空白试验。

5. 计算

$$X = \frac{(m_1 - m_2) \times 1000}{200}$$

式中 X——样品浸泡液（不同浸泡液）蒸发残渣，mg/L；

m_1——样品浸泡液蒸发残渣质量，mg；

m_2——空白浸泡液的质量，mg。

计算结果保留 3 位有效数字。

6. 说明

（1）当直接接触时，包装材料中所含成分（塑料制品中残存的未反应单体以及添加剂等）向食品中迁移，浸泡试验实质上是对迁移进行定量的评价，即了解在不同介质下，塑料制品所含成分的迁移量的多少。

（2）因加热等操作，一些低沸点物质（如乙烯、丙烯、苯乙烯、苯及苯的同系物）将挥发散逸，沸点较高的物质（二聚物、三聚物以及塑料成形加工时的各种助剂等）以蒸发残渣的形式滞留下来。应当指出，实际工作中蒸发残渣往往难以衡量。因此，仅要求在 2 次烘干后进行称量。

（3）重复条件下获得 2 次独立测定结果的绝对差值不得超过算术平均值的 10%。

（四）高锰酸钾消耗量测定

1. 原理

样品经浸泡液浸泡后，测定其高锰酸钾消耗量，表示可溶出有机物质的含量。

2. 试剂

硫酸（1：2）、0.01mol/L 高锰酸钾标准滴定溶液、0.01mol/L 草酸标准滴定溶液。

3. 器材

电炉、250mL 锥形瓶、10mL 滴定管、100mL 移液管等。

4. 测定

（1）锥形瓶的处理

取纯水 100mL，放入 250mL 锥形瓶中，加入 5mL 硫酸（1∶2）、5mL 高锰酸钾溶液，煮沸 5min，倒去，用水冲洗备用。

（2）滴定

准确吸取 100mL 水浸泡液（有残渣则须过滤）于上述处理过的 250mL 锥形瓶中，加 5mL 硫酸（1∶2）及 10mL 高锰酸钾标准滴定溶液（0.01mol/L）；再加入玻璃珠 2 粒，准确煮沸 5min 后，趁热加入 10mL 草酸标准滴定溶液（0.01mol/L），再以高锰酸钾标准滴定溶液（0.01mol/L）滴定至微红色，记取 2 次高锰酸钾溶液滴定量。另取 100mL 水，按上法做试剂空白试验。

5. 计算

$$X = \frac{(V_2 - V_1)c \times 31.6 \times 1000}{100}$$

式中 X——样品中高锰酸钾消耗量，mg/L；

V_1——样品浸泡液滴定时消耗高锰酸钾溶液的体积，mL；

V_2——试剂空白滴定时消耗高锰酸钾溶液的体积，mL；

C——高锰酸钾标准滴定溶液的实际浓度，mol/L；

3.16——与 1mL 的 0.001mol/L 高锰酸钾标准滴定溶液相当的高锰酸钾的质量，mg。计算结果保留 3 位有效数字。

6. 说明

（1）高锰酸钾消耗量，是指那些迁移到浸泡液中，能被高锰酸钾氧化的全部物质的总量而这些物质主要是有机物，它们是从聚合物迁移到浸泡液（蒸馏水）中的有机物，如聚合物单体烯烃、二聚、三聚物等低分子量聚合体，塑料添加剂等。

（2）高锰酸钾标准溶液的配制中，要注意避免二氧化锰促使高锰酸钾分解。可先配制好高锰酸钾溶液、暗处放置一星期、煮沸 15min、室温下放置 2 天、玻璃砂芯漏斗过滤，保存在棕色瓶中。

（3）试样溶液煮沸不可太快，最好是加热 5min 之后沸腾，加热时间也不宜太长，避免高锰酸钾因加热引起分解。趁热滴定，最好是在 60～80℃，而且滴定达到终点时，溶液温度仍不低于 50℃，且微红色至少应维持 15s 不退。一般希望氧化还原反应到达终点时，剩余的高锰酸钾浓度应为加入量的 50% 左右，否则分析误差较大。因此浸泡液中有机物质较多时，可少取样液，以保持高锰酸钾有足够剩余量。

（4）重复条件下获得 2 次独立测定结果的绝对差值不得超过算术平均值的 10%。

（五）重金属（以 Pb 计）测定

1. 原理

模拟检测酸性物质接触包装材料后重金属的溶出情况。浸泡液中重金属（以铅计）与硫化钠作用，在酸性溶液中形成黄棕色硫化铅，与标准比较不得更深，即表示重金属含量符合要求。

2. 试剂

（1）硫化钠溶液：称取 5.0g 硫化钠，溶于 10mL 水和 30mL 甘油的混合液中，混合均匀后装入瓶中，密塞保存。

（2）铅标准溶液：准确称取 0.0799g 硝酸铅，溶于 5mL 的 10% 硝酸中，移入 500mL 容量瓶内，加水稀释至刻度，此溶液相当于 100μg/mL 铅。

（3）铅标准使用液：吸取 102 铅标准溶液，置于 100mL 容量瓶中，加水稀释至刻度，此溶液相当于 10μg/mL 铅。

3. 器材

天平、容量瓶、比色管等。

4. 测定

（1）吸取 20mL4% 乙酸浸泡液于 50mL 比色管中，加水至刻度；另取 2mL 铅标准使用液于另 50mL 比色管中，加 4% 乙酸溶液 20mL，加水至刻度混匀。

（2）两比色管中各加硫化钠溶液 2 滴，混匀后，放置 5min，以白色为背景，从上方或侧面观察。

5. 结果判断

卫生标准要求样品呈色不能比标准溶液更深；若样品管呈色大于标准管样品，则重金属（以 Pb 计）报告值 > 1。

6. 说明

（1）可以采用白色硅藻土色谱担体，101 白色担体等活性低的担体替代 6201 红色担体，可略去繁琐的 6201 釉化过。

（2）本法还可采用PEG 6000/白色硅藻土色谱担体（60 ~ 80 目）（ID 3mm × 2m）柱分析。

（六）脱色试验分析

1. 原理

食品接触材料中的着色剂溶于乙醇、油脂或浸泡液，形成肉眼可见的颜色，表明着色剂溶出，以感官检验，了解着色剂向浸泡液迁移的情况。

2. 试剂

冷餐油、4 种浸泡液（水、4% 乙酸、65% 乙醇、正己烷）。

3. 器材

水浴锅、棉花等。

4. 测定

取洗净待测样品一个，用沾有冷餐油、乙醇（65%）的棉花，在接触食品部位的小面积内，用力往返擦拭 100 次。用 4 种浸泡液进行浸泡，浸泡条件：60℃水，保温 2h；60℃ 4% 乙酸，保温 2h；65% 乙醇室温下浸泡 2h；正己烷室温下浸泡 2h。

5. 结果判断

棉花上不得染有颜色，否则判为不合格。4 种浸泡液（水、4% 乙酸、65% 乙醇、正己烷）也不得染有颜色。

6. 说明

塑料着色剂多为脂溶性，但也有溶于 4% 乙酸及水的，这些溶出物往往是着色剂中有色不纯物。着色剂迁移至浸泡液或擦拭试验有颜色脱落，均视为不符合规定。

（七）正己烷提取物测定

1. 原理

样品经正己烷提取的物质，表示能被油脂浸出的物质。

2. 试剂

正己烷、定性滤纸等。

3. 器材

250mL 全玻璃回流冷凝器，浓缩器，干燥器，分析天平等。

4. 测定

（1）称取约 1.00 ~ 2.00g 样品于 250mL 回流冷凝器的烧瓶中，加 100mL 正己烷，接好冷凝管，于水浴中加热回流 2h，立即用快速定性滤纸过滤，用少量正己烷洗涤滤器及样品，洗液与滤液合并。

（2）将正己烷转入已恒量的浓缩器小瓶中，浓缩并回收正己烷，残渣于 100 ~ 105℃ 干燥 2h，在干燥器中冷却 30min，称量。

5. 计算

$$X = \frac{m_1 - m_2}{m_3} \times 100$$

式中 X ——样品中正己烷的提取物，%；

m_1 ——残渣加浓缩器小瓶的质量，g；

m_2 ——浓缩器小瓶的质量，g；

m_3 ——样品质量，g。

6. 说明

食品包装用聚乙烯树脂分析时，正己烷提取物应该 ≤ 2.00%，否则判定为不合格。

（八）干燥失重测定

I. 原理

样品于 90 ~ 95℃下干燥失去的质量即为干燥失重，它表示挥发性物质的存在情况。

2. 器材

扁型称量瓶、干燥器、烘箱分析天平等。

3. 测定

精密称取 1 ~ 2g 样品，放于已恒量的扁型称量瓶中，厚度不超过 5mm，然后于 90 ~ 95℃ 干燥 2h，在干燥器中放置 30min 后称重。

4. 计算

$$X = \frac{m_1 - m_2}{m_3} \times 100$$

式中 X——样品的干燥失重，% ；

m_1——样品加称量瓶的质量，g ；

m_2——样品加称量瓶恒量后的质量，g ；

m_3——样品质量，g。

计算结果保留 3 位有效数字。

5. 说明

（1）应注意干燥至恒重，即直到前后 2 次称量差不超 0.2%，然后再计算。干燥失重不得超过 0.15%。

（2）食品包装用聚乙烯树脂分析时，干燥失重应 ≤ 0.15%，否则判定为不合格。

（九）灼烧残渣测定

1. 原理

样品经 800℃ 灼烧后的残渣，表示无机物污染的情况。

2. 器材

坩埚、马弗炉、天平、干燥器等。

3. 测定

精密称取 1 ~ 2g 样品，放于已在 800℃ 灼烧至恒量的坩埚中，先小心炭化，再放于 800℃ 高温炉内灼烧 2h；取出，放干燥器内冷却 30min，称量，再放进马弗炉内，于 800℃ 灼烧 30min，冷却称量，直至 2 次称量之差不超过 2.0mg。

4.计算

$$X = \frac{m_1 - m_2}{m_3} \times 100$$

式中 X ——样品的灼烧残渣含量，%；

m_1 ——坩埚加残渣的质量，g；

m_2 ——空坩埚质量，g；

m_3 ——样品质量，g。

计算结果保留 3 位有效数字。

5.说明

（1）把坩埚放入或取出马弗炉时，要在炉口停留片刻，防止因温度剧变而使坩埚破裂；坩埚在移入干燥器前，最好将坩埚温度降至 200℃以下，取坩埚时要缓缓让空气流入，防止形成真空对残渣的影响。

（2）食品包装用聚乙烯树脂分析时，灼烧残渣应 ≤ 0.20%，否则判定为不合格。

二、聚丙烯（PP）制品的检测

聚丙烯由丙烯聚合而成，属于长直链聚烷烃类，加工中使用的添加剂与聚乙烯塑料类似，其安全性高于聚乙烯塑料，可制成薄膜，代替玻璃纸使用；聚丙烯塑料材质耐 130℃高温，透明度差，可制成热收缩薄膜、饮料软包装以及含油食品包装，是唯一可以放进微波炉的塑料容器（容器底部三角符号里为"5"）。在小心清洁后可重复使用，用于输水管、水桶、篮子等。聚丙烯塑料的安全性问题主要是回收再利用品，与聚乙烯塑料类似。

（一）蒸发残渣、高锰酸钾消耗量、重金属测定及脱色试验分析

适用于对聚丙烯成型品的指标检测。参考本章节"一、聚乙烯检测（三）~（六）"内容。

（二）正己烷提取物测定

适用于聚丙烯树脂材料和聚丙烯成型品。参考本章节"一、聚乙烯检测（七）正己烷提取物测定"。

三、聚苯乙烯（PS）制品的检测

聚苯乙烯是以石油为原料制成的乙苯脱氢精馏后得到的苯乙烯聚合而成。聚苯乙烯树脂本身无味、无臭、无毒，因吸水性低，不易生长霉菌，卫生安全性好。可制成收缩膜、食品盒、水果盘、小餐具以及快餐食品盒、食品盘等。但聚苯乙烯树脂与残留有苯乙烯、

乙苯、异丙苯、甲苯等挥发性物质的结合，有一定毒性。苯乙烯单体能抑制大鼠生育，使肝、肾重量减轻。

（一）蒸发残渣、高锰酸钾消耗量、重金属、正己烷提取物测定及脱色试验分析

参考本章第一节"一、聚乙烯检测（三）~（七）"内容。

（二）干燥失重测定

参考本章第一节"一、聚乙烯检测（八）干燥失重测定"

不同点：使用 ϕ 40cm 扁型称量瓶；干燥条件为 100℃下 3h。

（三）挥发物的测定

l.原理

样品于 138 ~ 140℃，真空度 85.3kPa 时，抽空 2h。将失去的重量减去干燥失重即为挥发物重。

2.试剂

丁酮。

3.仪器、器材

天平、真空干燥箱、电扇、烘箱、干燥器等。

4.测定

于已干燥准确称量的 25mL 烧杯内，称取已粉碎至 20 ~ 60 目之间的样品 2.00 ~ 3.00g，加 20mL 丁酮，用玻璃棒搅拌，使之完全溶解后，用电扇吹，加速溶剂的蒸发。待至浓稠状态，将烧杯移入真空干燥箱内，使烧杯斜放成 45°，密闭真空干燥箱，开启真空泵，保持温度在 138 ~ 140℃，真空度为 85.3kPa。干燥 2h 后，关闭真空泵，待真空干燥箱恢复常压后，将烧杯移至干燥器内，冷却 30min，称量。

5.计算

挥发物（g / 100g）= $x - x_1$

$$X = \frac{m_1 - m_2}{m_1 - m_0} \times 100$$

式中 X ——样品于 138 ~ 140℃、85.3kPa、干燥 2h 失去的质量，g/100g；

m_1 ——样品加烧杯的质量，g；

m_2 ——干燥后样品加烧杯的质量，g；

m_0 ——烧杯的质量，g；

X_1 ——样品的干燥失重，g/100g。

计算结果保留 2 位有效数字；计算挥发物，减去干燥失重后，不得超过 1%。

（四）苯乙烯和乙苯类挥发化合物测定

I. 原理（气相色谱法）

树脂中的挥发性化合物被 CS_2 溶解后在色谱柱中分离，在氢火焰离子化检测器中进行检测，以试样的峰高与标准品的峰高相比，计算出试样相当的含量。

2. 试剂

①釉化 6201 红色担体，二硫化碳（色谱纯），内标物（正十二烷）。

②固定液：聚乙二醇丁二酸酯（EGS）。

③苯乙烯乙苯标准溶液：100mL 容量瓶内放入约 2/3 体积二硫化碳，准确称量为 m_0；滴加苯乙烯约 0.5g，准确称量为 m_1，再滴加乙苯约 0.3g，准确称量后为 m_2。作为标准储备液。苯乙烯和乙苯的标准浓度计算见下式：

苯乙烯 $C_A(g/mL) = (m_1 - m_0)/100$；乙苯 $C_B(g/mL) = (m_2 - m_1)/100$

④苯乙烯乙苯标准使用液：取标准储备液 ImL 于 25mL 容量瓶中，加正十二烷内标物 5mL 后再加二硫化碳至刻度。

3. 仪器、器材

气相色谱仪（附有 FID）；微量注射器。

4. 测定

（1）色谱条件（供参考）：色谱柱：不锈钢柱，内径 4mm，长 4m，20%EGS/ 釉化 6201 红色担体（60 ~ 80 目）；柱温 130℃，气化温度 200℃；载气（氮气），往前压力 1.8 ~ 2.0kg/cm²；氢气流速 50mL/min；空气流速 700mL/min。

（2）样品测定：称取聚苯乙烯样品 1.00g，置于 25mL 容量瓶中，加二硫化碳溶解，并稀释至刻度。准确加入正十二烷（内标）5μL 充分振摇，待混合均匀后，取 0.5μL 注入色谱仪，待色谱峰流出后，测量出各被测组分和正十二烷的峰高（或峰面积），并计算其比值按所得峰高（或峰面积）比值与注入标准使用液 0.5μL 时求出的组分与正十二烷峰高（或峰面积）比相比较定量。

5. 计算

$$X_{苯乙烯} = \frac{F_i \times c_A}{F_s \times m} \times 100$$

（6-8）

$$X_{乙苯} = \frac{F_i \times c_B}{F_s \times m} \times 100$$

（6-9）

式中 X——苯乙烯或乙苯挥发成分含量，g/100g；

F_i——试样峰高（或峰面积）和内标物比值；

F_s——标准物峰高（或峰面积）和内标物比值；

c_A——苯乙烯的浓度，g/mL；

c_B——乙苯的浓度，g/mL；

m——试样质量，g。

计算结果保留 2 位有效数字。

6. 说明

（1）可以采用 Chromsorb WAWDMCS，101 白色担体等活性低的担体替代 6201 红色担体，可略去烦琐的 6201 釉化过程。

（2）本法还可采用 PEG 6000/Chromsorb WAWDMCS（60 ~ 80 目）（ID 3mm × 2m）柱分析。

四、聚酯（PET）制品的检测

聚酯，由多元醇和多元酸缩聚而得的聚合物总称。以聚对苯二甲酸乙二酯（PET）为代表的热塑性饱和聚酯的总称。鉴于聚酯的机械强度较高，耐化学性能较好、阻隔性能较好，PET 薄膜具有透明、耐油、保香、卫生可靠和使用温度范围广等性能（高温蒸煮和冷冻包装均可）等特点，被广泛用于食品包装。由于聚酯在醇类溶液中存在一定量的对苯二甲酸和乙二醇迁出，故用聚酯盛装酒类产品应慎重；食品级的 PET 瓶（容器底部三角符号里标志为"1")不能在高温下使用,一般在 70℃以下使用,常制成装汽水的塑料瓶;此外,这些塑料瓶都是一次性使用的,国家规定企业不能回收用过的瓶重复灌装使用。聚酯树脂及其成型品中锑(相关检测方法:GB/T 5009.127—2003)、锗(相关检测方法:GB/T 5009.101—2003)含量经常作为一个卫生指标进行测定;我国对聚酯类高聚物只特别规定了 PE℃的理化和卫生指标。

(一)蒸发残渣、高锰酸钾消耗量、重金属测定及脱色试验分析

参考本章第一节"一、聚乙烯检测(三)~(六)"内容。

(二)锑的测定

I. 原理

在盐酸介质中,经碘化钾还原后的三价锑与吡啶烷二硫代甲酸铵(APDC)络合,4-甲基戊酮 –2(甲基异丁基酮,MIBK)萃取后,用石墨炉原子吸收分光光度计测定。

2. 试剂

(1)4% 乙酸、6mol/L 盐酸、10% 碘化溶液(临用前配)、4- 甲基戊酮 –2(MIBK)。

(2)0.5% 吡啶烷二硫代甲酸铵(APDC):称取 APDCO.5g 置 250mL 具塞锥形瓶内,加水 10mL,振摇 1min,过滤,滤液备用(临用前配置)。

(3)锑标准贮备液:称取 0.2500g 锑粉(99.99%),加 25mL 浓硫酸,缓缓加热使其溶解,将此液定量转移至盛有约 100mL 水的 500mL 容量瓶中,以水稀释至刻度。此贮备液相当于 0.5mg 锑;锑标准中间液:取贮备液 1mL,以水稀释至 100mL。此中间液 1mL 相当于 5 μg 锑;锑标准使用液:取中间液 10mL,以水稀释至 100mL。此使用液 1mL 相当于 0.5 μg 锑。

3. 仪器、器材

原子分光光度计、石墨炉原子化器。

4. 测定

(1)仪器工作条件

波长:231.2nm;等电流:20mA;狭缝:0.7nm;背景校正方式:塞曼效应校正背景;测量方式:峰面积;积分时间:5s。

(2)试样处理

树脂(材质粒料):称取 4.00g(精确至 0.01)试样于 250mL 具回流装置的烧瓶中,加入 4% 乙酸 90mL。接好冷凝管,在沸水浴上加热回流 2h,立即用快速滤纸过滤,并用

少量4%乙酸洗涤滤渣，合并滤液后定容至100mL，备用。

成形品：按成形品表面积1cm²加入2mL的比例，以4%乙酸于60℃浸泡30min（受热容器则95℃，30min），取浸泡液作为试样溶液备用。

（3）标准曲线制作

取锑标准使用液0mL、1.0mL、2.0mL、3.0mL、4.0mL、5.0mL（相当于0μg、0.5μg、1.0μg、1.5μg、2.0μg、2.5μg锑），分别置于预先加有4%乙酸20mL的125mL分液漏斗中，以4%乙酸补足体积至50mL。分别依次加入碘化钾溶液2mL、6mol/L盐酸3mL，混匀后放置2min。然后分别加入AP-DC溶液10mL，混匀，各加MIBK 10mL。剧烈振摇1min静置10min，弃除水相，以少许脱脂棉塞入分液漏斗下颈部，将MIBK层经脱脂棉滤至10mL具塞试管中，取有机相20μg按仪器工作条件（萃取后4h内完成测定），作吸收度-锑含量标准曲线。

（4）试样测定

取试样溶液50mL，置125mL分液漏斗中，另取4%乙酸50mL做试剂空白，分别依次加入碘化钾溶液2mL、6mol/L盐酸3mL等同上（2）步骤操作测定。在标准曲线上查得样品溶液的Sb的含量。

5. 计算

$$X = \frac{(A - A_0) \times F}{V}$$

式中 X ——浸泡液或回流液中锑的含量，μg/mL；

A ——所取样液中锑测得量，μg；

A_0 ——试剂空白液中锑测得量，μg；

V ——所取试样溶液的体积，mL；

F ——浸泡液或回流液稀释倍数（不稀释时 F=1）。

6. 说明

（1）本方法是检测锑的通用方法，对陶瓷、玻璃等其他材料及成型品中的锑同样适用。Ca^{2+}，Mg^{2+}、Cl^-、SO_4^{2-}、NO_3^- 等在250mg/L、400mg/L、150mg/L、100mg/L、300mg/L的质量浓度下对锑的测定均无干扰。

（2）除了原子吸收法，树脂中锑含量的检测还可采用孔雀绿分光光度法，其原理是用4%乙酸将样品浸提出来，酸性条件下先将锑离子全部还原为三价，然后再氧化为五价锑离子，后者能与孔雀绿生成有色络合物，在一定pH值的介质中能被乙酸异戊酯萃取，分光分析定量。

五、聚氯乙烯（PVC）制品的检测

聚氯乙烯是由氯乙烯聚合而成的。聚氯乙烯塑料是由聚氯乙烯树脂为主要原料，再加以增塑剂、稳定剂等添加剂加工制得。

聚氯乙烯树脂本身是一种无毒聚合物，聚氯乙烯塑料的安全性问题主要是残留的氯乙烯单体、降解产物和添加剂（增塑剂、热稳定剂和紫外线吸收剂等）的溶出造成食品污染。据英国报道，用聚氯乙烯塑料容器盛装含高浓度酒精的酒，贮藏3个月、6个月、9个月后，测得该酒中的氯乙烯为 10 ~ 25mg/kg。单体氯乙烯具有麻醉作用，可引起人体四肢血管收缩而产生疼痛感，同时还具有致癌和致畸作用。由于氯乙烯的毒性，各国对聚氯乙烯塑料中单体氯乙烯残留量都做了严格规定。日本、美国、英国、法国、荷兰、意大利、瑞士等国规定小于1mg/kg；法国、意大利、瑞士还规定聚氯乙烯塑料中氯乙烯向食品迁移量应小于 0.005mg/kg。我国国产聚氯乙烯树脂中的单体氯乙烯残留量要求控制在 3mg/kg 以下，成品包装材料中的单体氯乙烯残留量已经控制在 1mg/kg 以下。

聚氯乙烯塑料中常加的增塑剂中邻苯二甲酸二己酯、邻苯二甲酸二甲氧乙酯具有致癌性，苯二甲酸酯可使动物致畸，它们可从包装材料中溶出而进入食品，所以塑化剂不允许用在两个方面：一不允许用在与含油脂食品的接触方面，比如油、熟食，有塑化剂的包装材料就不能使用；二不得用于婴幼儿产品。此外，聚氯乙烯塑料中常添加稳定剂防止老化，种类有铅、钙、锶、镉、锌、锡等金属的硬脂酸盐，其中铅、钡、镉化合物毒性较大，接触食品可使这些金属溶出。由于这些因素影响食品安全性，从而决定了聚氯乙烯塑料使用上的局限性。

目前，市场上保鲜膜分为三大类。第一种是聚乙烯，简称 PE（卷心纸筒为白色），这种材料主要用于食品的包装，像我们平常买回来的水果、蔬菜用的这个膜，包括在超市采购回来的半成品都用的是这种材料；第二种是聚氯乙烯，简称 PVC（卷心纸筒为黄色），这种材料也可以用于食品包装；第三种是聚偏二氯乙烯，简称 PVDC，主要用于一些熟食、火腿等这些产品的包装。这三种保鲜膜中，PE 和 PVDC 这两种材料的保鲜膜对人体是安全的，可以放心使用。而 PVC 保鲜膜则应小心使用，主要是聚氯乙烯塑料比较硬，添加了易致癌的增塑剂才能更柔软，若包在熟食上的 PVC 保鲜膜，与熟食表面的油脂接触或者放进微波炉里加热，保鲜膜里的增塑剂就会同食物发生化学反应，毒素挥发出来，迁移到食物之中，或残留在食物表面上，从而影响和危害人体健康。因此，保存食品用保鲜膜的时候，尽量选择 PE 的，不要选择 PVC 的，购买保鲜膜时要注意 QS，即生产许可标志。

（一）蒸发残渣、高锰酸钾消耗量、重金属测定及脱色试验分析

参考本章第一节"一、聚乙烯检测（三）~（六）"内容。

（二）氯乙烯单体测定

l.原理（气相色谱法）

根据气体有关定律，将样品放入密封平衡瓶中，用溶剂溶解。在一定温度下，氯乙烯单体扩散，达到平衡时，取液上气体注入气相色谱中测定。本方法最低检出限 0.2mg/kg。

2.试剂

（1）液态氯乙烯：纯度大于 99.5%，装在 50 ~ 100mL 耐压容器内，并把其放于冰保温瓶中。

(2)N,N- 二甲基乙酸胺（DMA）：在相同色谱条件下，该溶剂不应检出与氯乙烯相同保留值的任何杂峰。否则，用曝气法除去干扰。

（3）氯乙烯标准液 A 的制备：取一只平衡瓶，加入 DMA 24.5mL，带塞称量（准确至 0.1mg），在通风橱内从氯乙烯钢瓶倒液态氯乙烯约 0.5mL，于平衡瓶中迅速盖塞混匀后，再称量，储于冰箱中。按下式计算浓度：$C_A = \dfrac{m_2 - m_1}{V} \times 1000; V = 24.5 + \dfrac{m_1 + m_2}{d}$

〔式中，C_A 为氯乙烯单体浓度,mg/mL；V 为校正体积,mL；m_1 为平衡瓶加溶剂的质量 g；m_2 为平衡瓶加入氯乙烯后的质量，g；d 为氯乙烯相对密度，0.9121g/mL（20/20℃，已满足体积校正要求）〕。

（4）氯乙烯标准使用液 B 的制备：浓度为 0.2mg/mL。$V_2 = \dfrac{0.2 \times 25}{C_A}; V_3 = 25 - V_2$（式中，$V_2$ 为欲加 CMA 体积，mL；V_3 为取 A 液的体积，mL；C_A 为氯乙烯标准 A 液浓度，mg/mL）。

依据上式计算先把 DMA V_3（mL）放入平衡瓶中，加塞，再用微量注射器取 A 溶液 V_2（mL）通过胶塞注入溶剂中，混匀后为 B 液，储于冰箱中。该氯乙烯标准使用液浓度为 0.02mg/mL。

3.仪器、器材

气相色谱仪（GC），附氢火焰离子化检测器（FID）；恒温水浴（70±1）℃；磁力搅拌器，镀铬铁丝 2mm ×20cm 为搅拌棒；磨口注射器，1mL、2mL、5mL，配 5 号针头，用前验漏；微量注射器，10mL、50mL、100mL；平衡瓶 25 ± 0.5mL，耐压 0.5kg/cm² 玻璃，带硅橡胶塞。

4.测定

（1）色谱参考条件：色谱柱，2m 不锈钢柱，内径 4mm；固定相，上试 407 有机担体（60 ~ 80目），200℃老化8h；测定条件（供参考）：柱温100℃，汽化温度和检测器150℃；氮气20mL/min、氢气30mL/min、空气300mL/min。

（2）标准曲线的绘制：准备六个平衡瓶，预先各加DMA 3mL。用微量注射器取B溶液0μg、5μg、10μg、15μg、20μg、25μg，通过活塞分别注入各瓶中，配成氯乙烯标准系列（0 ~ 5.0μg），同时加入（70±1）℃水浴中，平衡30min。分别取液上气2 ~ 3mL注入GC中，测量峰高（或峰面积），绘制标准曲线。

（3）样品测定：将样品剪成细小颗粒，准确称取0.1 ~ 1g放入平衡瓶中，加搅拌棒和DMA 3mL后，立即搅拌5min，放入70±1℃水浴中，平衡30min。分别取液上气2 ~ 3rnL注入GC中，量取峰高（或峰面积）在标准曲线上求得含量（m_1）。

5. 计算

$$X = \frac{m_1 \times 1000}{m_2 \times 1000}$$

式中 X ——样品中氯乙烯单体含量，mg/kg；

m_1 ——标准曲线求出氯乙烯质量，μg；

m_2 ——样品质量，g。

计算结果保留2位有效数字。

6. 说明

曲线范围0 ~ 50mg/kg，对聚氯乙烯树脂和成型品中氯乙烯含量是适用的，可以根据需要绘制不同含量范围的曲线。

（三）氯乙烯、1，1- 二氯乙烷、1，2- 二氯乙烷的测定

l. 原理（气相色谱法）

本法以气固平衡为基础。密封容器内，在一定的温度下，试样中残留的氯乙烯、二氯乙烷等扩散，达到平衡时，取定量顶空气注入色谱仪分析，以保留时间定性、峰面积或峰高定量。

2. 试剂

氯乙烯；1,1- 二氯乙烷；1,2- 二氯乙烷；偏氯乙烯（1,1- 二氯乙烯）：均为色谱纯。

3. 仪器、器材

带氢火焰离子检测器的气相色谱仪；小型恒温干燥箱 80±1℃ ；医用注射器 1mL、2mL、5mL、100mL，微量注射器 10μL；密封平衡瓶 25±0.5mL，使用温度 90℃，耐压 0.5kg/cm² （49kPa），带硅橡胶盖和金属螺旋密封帽；配气瓶 600mL，其配套的硅橡胶垫片和配套螺帽。

4. 测定

（1）色谱条件（参考条件）：色谱柱，2m 不锈钢住，内径 4mm；参考固定相，2.5%DNP+2.5% 有机皂土（102 白色担体，60 ~ 80 目）；参考测定条件，柱温 70℃ ；汽化温度 130℃；检测温度 130℃；氮气 25mL/min；氢气 30mL/min；空气 400mL/min。

（2）标准曲线：抽取氯乙烯、1，1- 二氯乙烷、1，2- 二氯乙烷标准液等各 10μL，注入已抽真空的配气瓶中，开关配气瓶阀平衡内外压力，振摇配气瓶，静宜 10min 后使用。取上述标准气 5mL 注入装有 95mL 净空气的 100mL 注射器中，混匀，取稀释后的标准气 1.0mL、2.0mL、3.0mL、4.0mL、5.0mL，分别注入装有 1.000g 空白树脂的 5 只平衡瓶中，将平衡瓶放入 80℃恒温干燥箱中平衡 30min，抽取顶空气 1.0mL 进样。以组分含量为横坐标，组分峰高（或峰面积）为纵坐标绘制标准曲线（可根据需要绘制不同含量范围的标准曲线）。

（3）标准气体浓度计算：$c = \dfrac{V_s \times d \times 1000}{V} \times \dfrac{5}{100}$ （式中，c 为标准气浓度，$\mu g / mL$；V_s 为注入配气瓶的组分体积，μL；V 为配气瓶体积，mL；d 为组分密度（$1\mu L$ 物质的质量；5/100 为稀释倍数）。

（4）试样测定：称取树脂母粒（成型品应擦净、剪碎）1.000g 放入平衡瓶中，具塞密封后于 80℃恒温箱中平衡 30min，抽取平衡瓶顶空气 1.0mL 进样。测定组分的峰高（或峰面积），于标准曲线上查得含量。

5. 计算

$$X = \frac{h_2 \times A}{h_1 \times m}$$

式中 X ——试样残留组分含量，mg/kg；

h_1 ——试样组分峰高（或峰面积），mm（cm²）；

h_2 ——标准组分峰高（或峰面积），mm（cm²）；

A ——标准组分质量，μg；

m ——试样质量，g。

计算结果保留 2 位有效数字。

六、聚碳酸酯（PC）制品的检测

聚碳酸酯有脂肪族、脂肪芳香族和芳香族聚碳酸酯三类，其中有实用价值的为芳香族聚碳酸酯，以双酚 A（4，4–二羟基二苯基丙烷）型聚碳酸酯为代表性产品，双酚 A 型聚碳酸酯无毒、无臭、透明，利用其透明性可做成透明食品罐头盒、防弹玻璃等，此外，PC 在医疗卫生和食品工业等方面也有广泛应用，如做包装食品和药品的薄膜，能耐油耐酸。PC 材料中引起人们注意的主要在于生产过程中残留的苯酚，因此除了常规的指标外另增加了酚的测定。

（一）蒸发残渣、高锰酸钾消耗量、重金属测定及脱色试验分析

参考本章第一节"一、聚乙烯检测（三）~（六）"内容。

（二）酚的检测

l. 滴定法（适用于树脂）

（1）原理

利用溴与酚结合成三苯酚，剩余的溴与碘化钾作用，析出定量的碘，最后用硫代硫酸钠滴定析出的碘，根据硫代硫酸钠溶液消耗的量，即可计算出酚的含量。

（2）试剂

盐酸；三氯甲烷；乙醇；饱和溴溶液；100g/L 碘化钾溶液；淀粉指示液：称取可溶性淀粉 0.5g，加少量水调至糊状，然后倒入沸水 100mL 中，煮沸片刻（此溶液临用时现配）；溴标准溶液：$c(1/2Br_2)=0.1mol/L$；硫代硫酸钠标准滴定溶液：$c(Na_2S_2O_3)=0.100mol/L$。

（3）器材

蒸馏装置、滴定装置、天平等。

（4）测定

称取树脂 1.00g，放入蒸馏瓶内，以乙醇 20mL 溶解，再加入纯水 50mL，然后用水蒸气加热蒸馏，馏出溶液收集于 500mL 容量瓶中，馏出速度控制在 ±8mL/min，收集馏出液 300 ~ 400mL，最后取少许新蒸出液样，加饱和溴水 1 ~ 2 滴，如无白色沉淀，证明酚已蒸完，即可停止蒸馏，蒸馏液用水稀释至刻度，充分摇匀，备用。

吸取蒸馏液 100mL，置于 500mL 具塞锥形瓶中，加入 25mL 0.1mol/L 溴标准溶液、盐酸 5mL，在室温下放在暗处 15min，加入 10mL 100g/L 碘化钾，在暗处放置 10min，加三氯甲烷 1mL，用 0.100mol/L 硫代硫酸钠标准滴定溶液滴定至淡黄色，加淀粉指示液 1mL，继续滴定至蓝色消退为止。同时用乙醇 20mL 加水稀释至 500mL，然后吸取 100mL

进行空白试验（如水溶性树脂则以 100mL 水做空白试验）。

（5）计算

$$X = \frac{(V_1 - V_2)c \times 0.01568 \times 5}{m} \times 100$$

式中 X——样品中游离酚含量，g/100g；

V_1——滴定样品消耗硫代硫酸钠标准滴定溶液体积，mL；

V_2——试剂空白滴定消耗硫代硫酸钠标准滴定溶液体积，mL；

C——硫代硫酸钠标准滴定溶液的实际浓度，mol/L；

m——样品质量，g；

0.01568——与（$c(Na_2S_2O_3)$ =0.100mol/L）硫代硫酸钠标准滴定溶液 1.0mL 相当的苯酚的质量，g。

计算结果保留 3 位有效数字。

2. 比色法（适用于成型品 – 浸泡液的酚）

（1）原理

在碱性溶液（pH 值为 9 ~ 10.5）的条件下，酚类化合物与 4- 氨基安替吡啉经铁氰化钾氧化，生成红色的安替吡啉染料，颜色的深浅与酚类化合物的含量成正比，与标准比较定量。

（2）试剂

0.1mg/mL 苯酚标准溶液、氨基安替吡啉溶液（20g/L）、铁氰化钾溶液（80g/L）、三氯甲烷、无水硫酸钠、磷酸(1 : 9，体积比)、氢氧化钠溶液（4g/L）、硫酸铜溶液（100g/L）、硼酸缓冲液（9 份 1mol/L NaOH 溶液和 1 份 1mol/L 硼酸溶液配制而成）。

（3）仪器、器材

分光光度计、全磨口蒸馏瓶、分液漏斗、具塞比色管等。

（4）测定

①标准曲线的绘制：吸取 0.1mg/mL 苯酚标准溶液 0.0mL、0.2mL、0.4mL、0.8mL、1.0mL、2.0mL、2.5mL，分别置于 250mL 分液漏斗中，各分别加入无酚水至 200mL 以及 1mL 硼酸缓冲液、1mL 氨基安替吡啉溶液（20g/L）、1mL 铁氰化钾溶液（80g/L），每加入一种试剂，要充分摇匀，在室温下放置 10min，各加入 10mL 三氯甲烷，振摇 2min，静止分层后将三氯甲烷层经无水硫酸钠过滤于具塞比色管中，用 2cm 比色杯，以零管调节至零点，于波长 460nm 处测定吸光度，绘制标准曲线。

②样品测定：量取 250mL 样品水浸出液，置于 500mL 全磨口蒸馏瓶中，加入 5mL 硫酸铜溶液（100g/L），用磷酸（1 : 9，体积比）调节 pH 值在 4 以下，加入少量玻璃

珠进行蒸馏，在 200 或 250mL 容量瓶中预先加入 5mL 氢氧化钠溶液（4g/L），接收管插入氢氧化钠溶液液面下接受蒸馏液，收集馆出液至 200mL。同时用无酚水按上法进行蒸馏，做试剂空白试验。

将上述全部样品蒸馏液及试剂空白蒸馏液分别置于 250mL 分液漏斗中，以下按①自"各分别加入 1mL 缓冲液"起依法操作。与标准曲线比较定量。

（5）计算

$$样品水浸出液中酚的含量(\mu g / mL) = \frac{C}{W}$$

式中 C——从标准曲线中查出相当于酚的含量，μg；

W——测定时样品浸出液的体积，mL。

第二节　橡胶制品

橡胶制品常用作奶嘴、瓶盖、高压锅垫圈及输送食品原料、辅料、水的管道等。有天然橡胶和合成橡胶两大类。天然橡胶是以异戊二烯为主要成分的天然高分子化合物，本身既不分解也不被人体吸收，因而一般认为对人体无毒。但由于加工的需要，加入的多种助剂，如促进剂、防老剂、填充剂等，给食品带来了不安全的问题。合成橡胶主要来源于石油化工原料，其种类较多，是由单体经过各种工序聚合而成的高分子化合物，在加工时也使用了多种助剂。橡胶制品在使用时，这些单体和助剂有可能迁移至食品，对人体造成不良影响。有文献报道，异丙烯橡胶和丁橡胶的溶出物有麻醉作用，氯二丁烯有致癌的可能。其中丁腈橡胶耐油，其单体丙烯腈毒性较大，大鼠 LD_{50} 为 78 ~ 93mg/kg 体重。美国 FDA 1977 年规定丁腈橡胶成品中丙烯腈的溶出量不得超过 0.05mg/kg。

一、样品处理

（一）橡胶垫片（圈）或橡胶奶嘴

l. 取样

以日产量作为一个批号，从每批中均匀取出 500g，装于干燥清洁的玻璃瓶中，并贴上标签，注明产品名称、批号及取样日期半数供化验用，半数保存 2 个月，备作仲裁分析用。

2. 前处理及浸泡

将样品用洗涤剂洗净，自来水冲洗，再用水淋洗，晾干备用。取橡胶垫片（圈）或橡胶奶嘴 20g，每克样品加 20mL 浸泡液。

（二）橡胶管

I. 前处理

取样，同上。试样为不同内径的管子，其长度以能灌入实际试验体积为 250mL 浸泡液为准，根据试验项目要求和内径大小截取，共 4 根。管子截取长度的计算：

管子截取长度（cm）=[250/（管子内半径）2 × π]– 管子两头用塞子的长度

试样清洗：根据上式计算取一定长度的管子，用配成 2% 浓度的洗涤剂在 50℃ 左右刷洗管内壁，刷洗时刷子推入和拉出作为刷一次计，共刷 10 次；刷洗完毕后再以自来水冲刷，边冲边刷，刷子推入和拉出作为刷一次计，共刷 10 次。再用自来水稍冲洗，最后用蒸馏水冲洗，晾干备用。

2. 浸泡

水和 4% 乙酸的浸泡条件是 60℃ 放置 2h，浸泡液先加温至 60℃，然后灌入管子，并将管子放入 60℃ 的恒温箱内；正己烷和 65% 乙醇的浸泡条件是室温放置 2h。届时倒出管内的浸泡液，并记录体积（mL），如浸泡后的浸泡液体积与原体积有减少时，则以未浸泡过的相同溶液冲洗内壁，直至达到浸泡时的体积。

二、重金属（以 Pb 计）的测定

（一）原理、仪器、计算

同本章第一节"一、聚乙烯检测（五）"。

（二）试剂

硫化钠溶液、铅标准溶液、铅标准使用液：同本章第一节"一、聚乙烯检测（五）；4% 乙酸、氨水、500g/L 柠檬酸铵溶液、100g/L 氰化钾溶液。

（三）测定

1. 吸取 20mL 的 4% 乙酸浸泡液于 50mL 比色管中；另取 2mL 铅标准使用液于另一 50mL 比色管中，加 20mL 的 4% 乙酸溶液，两比色管中各加 500g/L 柠檬酸铵溶液 1mL、氨水 3mL、100g/L 氰化钾溶液 1mL，加水至刻度混匀。

2.2 支比色管中各加硫化钠溶液 2 滴，混匀后，放 5min，以白色为背景，从上方或侧面观察，样品呈色不能比标准溶液更深。

三、锌的测定

（一）原理（比色法）

锌离子在酸性条件下与亚铁氰化钾作用生成亚铁氰化锌，发生混浊，与标准混浊度比较定量。最低检出限为 2.5mg/L。

（二）试剂

1. 5g/L 亚铁氰化钾溶液；200g/L 亚硫酸钠溶液，临用时新配；（1：1）盐酸；100g/L 氯化铵溶液。

2. 锌标准溶液：准确称取 0.1000g 锌，加 4mL 盐酸溶解后移入 1000mL 容量瓶中，加水稀释至刻度。此溶液每毫升相当于 100.0μg 锌。

3. 锌标准使用液：吸取 10mL 锌标准溶液，置于 100mL 容量瓶中，加水稀释至刻度。此溶液每毫升相当于 10.0μg 锌。

（三）测定方法

吸取 2.0mL 乙酸（4%）浸泡液，置于 25mL 比色管中，加水至 10mL。吸取 0mL、0.5mL、1.0mL、2.0mL、3.0mL，4.0mL 锌标准使用液（相当于 0μg、5.0μg、10.0μg、20.0μg、30.0μg、40.0μg 锌），分别置于 25mL 比色管中，各加 2mL 乙酸（4%），再各加水至 10mL。

于试样及标准管中各加 1mL 盐酸（1：1）、10mL 氯化铵溶液（100g/L）、0.1mL 亚硫酸钠溶液（200g/L），摇匀，放置 5min 后，各加 0.5mL 亚铁氰化钾溶液（5g/L），加水至刻度，混匀。放置 5min 后，目视比较浊度定量。

（四）计算

试样浸泡液中锌的含量（mg/L）$(mg/L) = \dfrac{m \times 1000}{V \times 1000}$

式中 m——测定时所取样品浸泡液中锌的质量，μg；

V——测定时所取样品浸泡液体积，mL。

计算结果保留 3 位有效数字。

（五）说明

如显色呈蓝色则可将 20% 亚硫酸钠加至 0.2 ~ 0.5mL。并要求亚硫酸钠和亚铁氰化钾溶液临用现配参考铝制品中锌检测。

四、残留丙烯腈（AN）的测定

顶空气相色谱法（HP-GC）测定丙烯腈 - 苯乙烯共聚物（AS）和橡胶改性的丙烯腈 - 丁二烯 - 苯乙烯树脂及成型品中残留丙烯腈单体，分别采用氮 - 磷检测器法（NPD）和氢火焰检测器法（F1D）。

（一）原理（气相色谱法）

将试样置于顶空瓶中，加入含有已知自内标物丙腈（PN）的溶剂，立即封闭，待充分溶解后将顶空瓶加热使气液平衡，之后定量吸取顶空气进行气相色谱（NPD）测定，根据内标物响应值定量。

（二）试剂

1. 溶剂 N，N- 二甲基甲酰胺（DMF）或 N，N- 甲基乙酸胺（DMA），要求溶剂顶空色谱测定时，在丙烯腈（AN）和丙腈（PN）的保留时间处不得出现干扰峰。

2. 丙腈、丙烯腈均为色谱级。丙烯腈标准储备液：称取丙烯腈 0.05g，加 N，N- 二甲基甲酰胺稀释定容至 50mL，此储备液每毫升相当于丙烯腈 1.0mg，贮于冰箱中丙烯腈标准浓度：吸取储备液 0.2mL、0.4mL、0.6mL、0.8mL、1.6mL，分别移入 10mL 容量瓶中，各加 N，N- 二甲基甲酰胺稀释至刻度，混匀（丙烯腈浓度 20 μg、40 μg、60 μg、80 μg、160 μg）。

3. 溶液 A：准备一个含有已知量内标物（PN）的聚合物溶剂，用 100mL 容量瓶，事先注入适量的溶剂 DMF 或 DMA 稀释至刻度，摇匀，即得溶液 A。计算溶液 A 中 PN 的浓度（mg/mL）。

4. 溶液 B：准确移取 15mL 溶液 A 置于 250mL 容量瓶中，用济剂 DMF 或 DMA 稀释到体积刻度，摇匀，即得溶液 B。此液每月配制 1 次，如下计算溶液 B 中 PN 的浓度：

$c_B = c_A \times \dfrac{15}{250}$ （式中，c_A 为溶液 A 中 PN 浓度，mg/mL；c_B 为溶液 B 中 PN 浓度，mg/mL）。

5. 溶液 C：在事先置有过量溶剂 DMF 或 DMA 的 50mL 容量瓶中，准确称入约 150mg 丙烯腈（AN），用溶剂 DMA 或 DMA 稀释至体积刻度，摇匀，即得溶液 C。计算溶液 C 中 AN 的浓度（mg/mL）。此溶液每月配制 1 次。

（三）仪器、器材

气相色谱仪，配有氮－磷检测器的，最好使用具有自动采集分析预空气的装置，如人工采集和分析，应拥有恒温浴，能保持 90±1℃；采集和注射顶空气的气密性好的注射器；顶空瓶瓶口密封器；5.0mL 顶空采样瓶；内表面覆盖有聚四氟乙烯膜的气密性优良的丁基橡胶或硅橡胶。

（四）测定

1. 气相色谱条件

色谱柱，3mm×4m 不锈钢质柱，填装涂有 15% 聚乙二醇 –20mol 的 101 白色酸性担体（60～80 目）；柱温，130℃；汽化温度，180℃；检测器温度，200℃；氮气纯度，99.999%，载气氮气（N_2）流速，25～30mL/min；氢气经干燥、纯化；空气经干燥、纯化。

2. 试样处理

称取充分混合试样 0.5g 于顶空瓶中，向顶空瓶中加 5mL 溶液 B，盖上垫片、铝帽密封后，充分振摇，使瓶中的组合物完全溶解或充分分散。

3. 内标法校准

于 3 只顶空瓶中各移入 5mL 溶液 B，用垫片和铝帽封口；用 1 支经过校准的注射器，通过垫片向每个瓶中准确注入 10μL 溶液 C，摇匀，即得工作标准液，计算标准液中 AN 的含量 m_i 和 PN 的含量 m_s：$m_i = Vc \times C_{AN}$（式中，m_i 为工作标准液中 AN 的含量，单位为 mg；V_c 为溶液 C 的体积，单位为 mL；C_{AN} 为溶液 C 中 AN 的浓度，单位为 mg/mL）；$m_s = V_B \times C_{AN}$（式中，V_B 为工作标准液中 PN 的含量，单位为 mg；V_B 为溶液 B 的体积，单位为 mL；C_{AN} 为溶液 B 中 AN 的浓度，单位为 mg/mL）。

取 2.0mL 标准工作液置顶空瓶进样，由 AN 的峰面积 A_i 和 PN 的峰面积 As 以及它们的已知量确定校正因子 R_f：$R_f = \dfrac{m_i \times A_s}{m_s \times A_i}$（式中，$R_f$ 为校正因子；m_i 为工作标准液中 AN 的含量，单位为 mg；As 为 PN 的峰面积；m 为工作标准液中 PN 的含量，单位为 mg；

A_i 为 AN 的峰面积）。

4. 测定

把顶空瓶置于 90℃的浴槽里热平衡 50min，用一支加过热的气体注射器，从瓶中抽取 2mL 已达气液平衡的顶空气体，立刻由气相色谱进行分析。

（五）计算

$$C = \frac{m_s' \times A_i' \times R_f \times 1000}{A_s' \times m}$$

式中 C——试样中丙烯腈含量，单位为 mg/kg；

A_i'——试样溶液中 AN 的峰面积或积分计数；

A_s'——试样溶液中 PN 的峰面积或积分计数；

m_s'——试样溶液中 PN 的量，单位为 mg；

R_f——校正因子；

m——试样的质量，单位为 g。

（六）说明

1. 在重复性条件下获得的 2 次独立测定结果的绝对差值不得超过其算术平均值的 15%，本法检出限为 0.5mg/kg。

2. 取来的试样应全部保存在密封瓶中。制成的试样溶液应在 24h 内分析完毕，如超过 24h 应上报溶液的存放时间。

3. 气相色谱氢火焰检测器法（FID）分析丙烯腈可参考此方法。色谱条件为 4mm × 2m 玻璃柱，填充 GDX-102（60 ~ 80 目）；柱温 170℃；汽化温度 180℃；检测器温度 220℃；载气氮气（N2）流速 40mL/min；氢气流速 44mL/min；空气流速 500mL/min；仪器灵敏度 101；衰退 1。

第三节　食品包装纸

　　食品包装是包装工业产业大户，占包装业的 70% 左右，在各类包装材料中纸包装的用量仅次于塑料，因而在食品包装市场中占据较大份额。纸包装大致可分为内包装和外包装两种，内包装有原纸、脱蜡纸、玻璃纸、锡纸等；外包装主要有纸板、印刷纸等。纸包装简便易行，表面可印刷各种图案和文字，形成食品特有标志。与塑料包装相比，纸包装有多种优势，如良好的卫生性和原料来源的广泛性，易降解和可回收利用性，良好的温度耐受性，独特的多孔结构使纸材料具有优异的可再加工性，优异的可塑性，对水溶性胶水和水性油墨具有良好的亲和性等；另外，纸和纸制品质量轻，有良好的挺度和易成型性，可制成各种不同功能和途径的食品包装制品，加之其突出的环保性，使纸包装近些年来在食品包装领域的优势越来越明显。如，一次性代塑纸容器（如纸杯、纸盘、纸碗、纸盒等），用于鲜蛋、水果、酒类、瓷器、玻璃仪器和精制工艺品等产品的内包装；在国际上，有些国家规定，包装食品一律禁用塑料袋，提倡采用纸制品进行绿色包装，大米、面粉、米粉等各类粮食都用纸袋包装，新鲜的水果、蔬菜也用纸袋。

　　纸包装也有不足之处，如刚性不足，密封性、抗湿性较差；涂胶或者涂蜡处理包装用纸的蜡纯净度还有一些不能达到标准要求，经过荧光增白剂处理的包装纸及原料中都含有一定量易使食品受到污染的化学物，从而影响包装食品的安全性。食品包装纸中有害物质的主要来源有如下几方面：造纸原料中的污染物，如棉浆、草浆和废纸等不清洁原料，作物种植残留农药及废纸重金属等化学物质；造纸过程中添加的助剂残留，如硫酸铝、纯碱、亚硫酸钠、次氯酸钠、松香和滑石粉、防霉剂等；包装纸在涂蜡、荧光增白处理过程中，使其含有较多的多环芳烃化合物（石蜡中常含有多氯联苯）和荧光增白剂等化学污染物；彩色颜料污染，如生产糖果使用的彩色包装纸，涂彩层接触糖果可造成污染；油墨中含有铅、铜等有害元素及甲苯、二甲苯及多氯联苯等挥发性物质可对食品造成污染；成品纸表面的微生物（主要是真菌在其上生长繁殖所致）及微尘杂质污染。由于包装纸存在的安全问题，大多数国家均规定了包装用纸材料有害物质的限量标准。

一、样品处理

　　按照规定，在对食品包装用纸进行检测时，必须从每批产品中以无菌操作方式抽取500g 纸样，分别注明产品的名称、批号和日期，其中一半供检验用，另一半保存 2 个月，作为仲裁分析用。

二、脱色试验分析

从每张样纸上分别剪下 10cm² (2cm × 5cm) 大小纸条 2 块,将剪好的纸条分别放入水和正己烷浸泡液中。以每平方厘米纸样加 2mL 浸泡液计算,每张纸以 2 面计算,即每张纸条按 20cm² 加 40mL 浸泡液,注意纸条不要重叠,在不低于 20℃的常温下,浸泡 24h。

若水和正己烷浸泡液没有染有颜色,则该纸的脱色试验结果合格。

三、荧光染料测定——荧光分光光度法

(一)原理

样品中荧光染料具有不同的发射光谱特性,将这特性发射光谱图与标准荧光染料对照,可以定性和定量。

(二)试剂

同薄层层析法。

(三)仪器、器材

荧光分光光度计、紫外灯、薄层板等。

(四)测定

I. 样品处理

将 5cm × 5cm 纸样置于 80mL 氨水中 (pH 值为 7.5 ~ 9.0),加热至沸腾后,继续微沸 2h,并不断地补加 1% 氨水使溶液保持 pH 值为 7.5 ~ 9.0。用玻璃棉滤入 100mL 容量瓶中,用水洗涤。如果纸样在紫外灯照射下还有荧光,则再加入 50mL 氨水,如同上述处理。两次滤液合并,浓缩至 100mL,稀释至刻度,混匀。

2. 定性

样液按照薄层层析法点样、展开后,接通仪器及记录器电源,光源与仪器稳定后,将薄层板面向下,置于薄层层析附件装置内的板架上,并固定之,转动手动轮移动板架至激发样点上,激发波长固定在 365nm 处,选择适当的灵敏度、扫描速度、纸速和狭缝、测定样品点的发射光谱与标准荧光染料发射光谱相对比,鉴定出纸样中荧光染料的类型。

3. 定量

样液经点样、展开，确定其荧光染料种类后，于荧光分光光度计测定发射强度仪器操作条件如下：发波长扫描范围一般是 190～650nm，发射波长扫描范围是 200～800nm。然后由荧光染料 VBL 或 BC 的标准含量测得的发射强度，相应地求出样品中荧光染料 VBL 或 BC 的含量。可用于液体、固体样品（如凝胶条）的光谱扫描。

四、铅的测定

食品中铅的测定（GB/T 5009.12—2003）中共规定了 5 种方法：石墨炉原子吸收光谱法（第一法），其方法检出限为 5 μg/kg；氢化物原子荧光光谱法（第二法），其方法检出限针对固体样品为 5 μg/kg；火焰原子吸收光谱法（第三法），其方法检出限为 0.1mg/kg；二硫腙比色法（第四法），其方法检出限为 0.25mg/kg；单扫描极谱法（第五法），其方法检出限为 0.17 μg/kg。

五、砷的测定

进行食品包装用原纸砷的测定时，试样须经过干法灰化后，按 GB/T 5009.11—2003 中第三法神斑法操作，或 GB/T 5009.11 中其他方法检测。

第四节　无机包装材料

食品无机包装材料包括金属、搪瓷、陶瓷、玻璃等。它们与食品接触，有害元素的溶出对食品可造成污染。

一、金属包装材料

铁、不锈钢和铝是目前使用最多的金属包装材料，另外还有铜、锡和银等。按照金属包装产品的形状可分为听、盒、易拉罐、气雾罐、罐头和各类瓶盖等，钢系材料中主要有镀锡、镀铬、镀锌、低碳等薄钢板，主要用于食品罐头、饮料、糖果、饼干、茶叶等包装容器；铝系材料中有铝板、铝合金、铝箔、铝复合材料以及镀铝薄膜等，主要用于饮料、果汁、快餐食品、调味品、奶粉等各种无菌包装、真空包装、控制气体包装。

金属包装具有如下优点：强度高，可适应流通过程中的各种机械震动和冲击；热传导性能好，用于罐头食品包装可耐高温、高压杀菌、保存期长；阻隔性能好，不透光、不透气、不透水，可很好地保持内装食品的色、香、味；易加工成型；表面装饰性好，既具有金属光泽，又可印刷色彩鲜艳的图文。另外，金属包装容器的废弃物可以再生利用，有利于环保。

但金属材料的化学稳定性较差，耐酸、耐碱能力较弱，特别是易受酸性食品的腐蚀。因此，金属包装容器常需要内涂层来保护，以满足食品卫生、安全的要求。常用的内涂层材料是一些无毒、无臭、无味且对食品风味和色泽无影响的有机化合物，涂膜要求致密、无孔隙、耐腐蚀性好，在经受冲击、折叠、弯曲等加工时不脱落，无有害物质溶出。否则，与内装食品发生化学反应，如最近发现的铝合金易拉罐中酸性饮料可使铝溶入饮料中、食品用镀锌铁皮容器盛装的饮料而发生锌迁移至食品中等问题。

（一）不锈钢制品包装的检测

不锈钢食具容器卫生标准（GB 9684—1988）要求不锈钢食具容器的外观应表面平整、光滑；不同用途的餐具应选用不同的材料，如用于存放食品的容器和食品加工机械应选用奥氏体不锈钢，而各种餐具则应选用马氏体不锈钢。

1. 取样方法

检测时，须按产品数量的 1% 抽取试样，小批量生产，每次取样不少于 6 件，分别注明产品名称、批号、钢号、取样日期。试样一半供化验用，另一半保存 2 个月，作仲裁分析用。取样时首先应进行外观检查，其感官指标应符合GB 9684的规定，成品应器形端正、表面光洁，且无蚀斑。

2. 试样制备

用肥皂水洗刷试样表面污物，自来水冲洗干净，再用水冲洗，晾干备用。

器形规则的食具容器，可每批取 2 件成品，计算浸泡面积并注入水测量容器容积（以容积的 2/3 ~ 4/5 为宜），记下表面积、容积，把水倾去，滴干。

器形不规则、容积较大或难以测量计算表面积的制品，可采其原材料（板材）或取同批制品中（使用同类钢号为原料的制品）有代表性制品裁割一定面积板块作为试样，浸泡面积以总面积计，板材的总面积不要小于 $50cm^2$。每批取样 3 块，分别放入合适体积的烧杯中，加浸泡液的量按 $2mL/cm^2$ 计。如两面都在浸泡液中，总面积应乘以 2。

把煮沸的 4% 乙酸倒入成品容器或盛有板材的烧杯中，加玻璃盖，小火煮沸 30min，取下，补充 4% 乙酸至原体积，室温放置 24h，将以上试样浸泡液倒入洁净玻璃瓶中供分析用。

在煮沸过程中因蒸发损失的 4% 乙酸浸泡液应随时补加，容器的 4% 乙酸浸泡液中金属含量，经分析结果计算公式计算亦折为 $2mL/cm^2$ 浸泡液计。

151

3.铬、铅、镍的测定

（1）原理（石墨炉原子吸收分光光度法）

试样注入石墨管中，石墨管两端通电流升温，试样经干燥、灰化后原子化。原子化时产生的原子蒸气吸收特定的辐射能量，吸收量与金属元素含量成正比，试样含量与标准系列比较定量。

（2）试剂

①50g/L磷酸二氢铵溶液：称取5g磷酸二氢铵（$NH_4H_2PO_4$，优级纯），加水溶解后，稀释至100mL。

②铬标准溶液：精密称取经105～110℃烘至恒重的重铬酸钾（$K_2Cr_2O_7$）（基准试剂）2.8289g，加50mL水溶解后，移入1000mL容量瓶中，加2mL硝酸，摇匀，加水稀释至刻度，此溶液每毫升相当于1mg铬。

③铅标准溶液：精密称取1.0000g金属铅（99.99%），加入5mL 6mol/L的硝酸溶解后，移入1000mL容量瓶中，加水稀释至刻度，此溶液每毫升相当于1mg铅。

④镍标准溶液，精密称取1.000g金属镍（99.99%）加入5mL 6mol/L的硝酸溶解后，移入1000毫升容量瓶中，加水稀释至刻度，此溶液每毫升相当于1mg镍。

⑤铬、镍、铅标准使用液，使用前分别把铬、镍、铅标准溶液逐步稀释成每毫升相当于1的金属标准使用液。

（3）仪器、器材

石墨炉原子吸收分光光度计；热解石墨管及高纯度氮气；微量取液器。

（4）测定

①试样及混合标准系列的配制。吸取试样浸泡液0.50～1.00mL于10mL容量瓶；另取六个10mL容量瓶，分别吸取金属标准使用液，铬：0mL、0.20mL、0.40mL、0.60mL、0.80mL、1.00mL；镍：0mL、0.50mL、1.00mL、1.50mL、2.00mL、2.50mL；铅：0mL、0.30mL、0.60mL、0.90mL、1.20mL、1.50mL，试样和标准管中加1.0mL 50g/L磷酸二氢铵溶液，水稀释至刻度，混匀。配好的标准系列金属含量分别为铬：0μg、0.20μg、0.40μg、0.60μg、0.80μg、1.00μg；镍：0μg、0.50μg、1.00μg、1.50μg、2.00μg、2.50μg；铅：0μg、0.30μg、0.60μg、0.90μg、1.20μg、1.50μg。

②仪器工作条件。铬、镍、铅均使用灵敏分析线（铬357.9nm；镍232.0nm；铅283.3nm），狭缝宽度（镍为0.19nm，铬、铅为0.38nm），测定方式为BGC，峰值记录，内气流量1 L/min。进样量为20μL，原子化时停气。

③测定。用微量取液器分别吸取试剂空白、标准系列和试样溶液注入石墨炉原子化器进行测定，根据峰值记录结果绘制校正曲线，从校正曲线上查出试样金属含量（μg），并

按下式计算结果。

（5）计算

$$X = \frac{(A_1 - A_2) \times 1000}{V_1 \times 1000} \times F$$

$$F = \frac{V_2}{2S}$$

式中 X ——试样浸泡液中金属的含量，mg/L；

A_1 ——从校正曲线上查得的试样测定管中金属含量，μg；

A_2 ——试剂空白管中金属含量，μg；

V_1 ——测定时所取试样浸泡液体积，mL；

F ——折算成每平方厘米 2mL 浸泡液的校正系数；

V_2 ——试样浸泡液总体积，mL；

S ——与浸泡液接触的试样面积，cm²；

2——每平方厘米 2mL 浸泡液，mL/cm²。

4. 镉的测定

不锈钢食具容器中镉的溶出量可参考本章第四节（二、陶瓷及搪瓷包装的检测中镉的测定），即原子吸收光谱法或二硫腙法，但考虑到方法的灵敏度等问题，进行不锈钢食具容器中镉的溶出量的测定时，试样应进行适当浓缩：吸取 50mL 试样浸泡液于烧杯中，电热板上加热浓缩后转移定容于 10mL 容量瓶中，再行测定。若采用仪器法，则宜选用火焰原子吸收光谱法。

5. 砷的测定

不锈钢食具容器中的砷的溶出量可采用砷斑法进行测定，其原理、试剂、仪器等均与本章第三节食品包装原纸中砷的测定相同，只是具体操作步骤应按下述方法进行：

（1）取 25.0mL 样品浸泡液，移入测砷瓶中，加 5mL 盐酸、5mL 碘化钾溶液及 5 滴酸性氯化亚锡溶液，摇匀后放置 10min，加 2g 无砷金属锌，立即将已装好乙酸铅棉花及溴化汞试纸的测砷管装上，放置于 25 ~ 30℃的暗处 1h，取出溴化汞试纸和标准比较，其色斑不得深于标准。同时另取 10mL 砷标准使用液（相当 1.0μg 砷），置于测砷瓶中，加乙酸（4%）至 25mL，再加 5mL 盐酸等同试样及混合标准系列的配制操作，得标准砷斑，与试样浸泡液结果进行比较。

（2）检测结果在报告中应表述为大于或小于 0.04mg/L。

（二）铝制品的检测

铝的毒性主要表现为对大脑、肝脏、骨骼、造血系统和细胞的毒性。临床研究证明，透析性脑痴呆症的发生与铝有关。

铝制食具容器卫生标准（GB 11333—1989）规定，铝制食具容器是指直接接触食品的以铝为原料经冲压或浇铸成型的各种炊具、食具及容器，要求铝制食具容器的感官指标应满足表面光洁均匀，无碱渍、油斑，底部无气泡外，还要求其浸泡液应无色、无异味。

l.取样方法

检测时，须按产品数量的 1%。抽取检验样品，小批量生产，每次取样不少于 6 件。分别注明产品名称、批号、取样日期。样品一半供化验用，另一半保存 2 个月，备作仲裁分析用。取样成品应器形端正，表面光洁均匀，无碱渍、油斑，底部无气泡。

2.试样处理

先将样品用肥皂洗刷，用自来水冲洗干净，再用蒸馏水冲洗，晾干备用。对于炊具，检测时每批取 2 件，分别加入 4% 乙酸至里上边缘 0.5cm 处，煮沸 30min，加热时加盖，保持微沸，最后补充 4% 乙酸至原体积，室温放宜 24h 后，将以上浸泡液倒入清洁的玻璃瓶中供测试用；对于食具，检测时则直接加入 4% 沸乙酸至距上口缘 0.5cm 处，加上玻璃盖，室温放置 24h；对于不能盛装液体的扁平器皿的浸泡液体积，以器皿表面积每平方厘米乘以 2mL 计算，即将器皿划分为若干简单的几何图形，计算出总面积；如将整个器皿放入浸泡液中时，则按 2 面计算，加入浸泡液的体积应再乘以 2。

3.锌的测定

铝制食具容器锌溶出量的测定按照铝制食具容器卫生标准（GB/T 5009.72—2003）的分析方法中的规定采用食品中锌的测定方法（GB/T 5009.14—2003）中的第二法——二硫腙比色法。

二、陶瓷及搪瓷包装的检测

陶瓷器皿是将瓷釉涂覆在由黏土、长石和石英等混合物烧结成的坯胎上，再经焙烧而制成的产品。搪瓷器皿是将瓷釉涂覆在金属坯胎上，经过焙烧而制成的产品，搪瓷的釉料配方复杂。

搪瓷、陶瓷容器在食品包装中主要用于装酒、咸菜和传统风味食品。陶瓷容器美观大方，在保护食品的风味上有很好的作用。搪瓷、陶瓷容器的主要危害来源于制作过程中在坯体上涂的瓷釉、陶釉、彩釉等引起的。釉料主要是由铅、锌、镉、锑、钡、钛、铜、铬、镉、钴等多种金属氧化物及其盐类组成，它们多为有害物质。当使用陶瓷容器或搪瓷容器盛装酸性食品（如醋、果汁）和酒时，这些物质易溶出而迁移入食品，造成污染。

（一）陶瓷容器的检测

1.取样方法

进行陶瓷制食具容器卫生指标的检测时，必须从每批调配的釉彩花饰产品中选取试样，小批采样一般不得少于六个，注明产品名称、批号、取样日期，如样品形小，按检验需要增加采样量，样品一半供化验用，另一半保存2个月，备作仲裁分析用。取样时首先应进行外观检查器形端正，内壁表面光洁，釉彩均匀，花钢无脱落现象等。

2.样品处理

首先将样品用浸润过微碱性洗涤剂的软布揩拭表面后，用自来水洗刷干净，再用水冲洗，晾干后备用，防止脂类及其他可能对试验有不良影响的物质干扰实验。

浸泡时在所测容器（如碗等）中加入4%沸乙酸至距上口边缘1cm处，如果容器边缘有花彩，则要浸过花面，然后加上玻璃盖，在不低于20℃的室温下浸泡24h。

若为盘子等不能盛装液体的扁平器皿，同铝制品样品处理方法。

3.铅的测定

陶瓷制食具容器中铅的测定可选用火焰原子吸收光谱法或二硫腙法。
参考本章第三节"四、食品包装用原纸铅的测定"相关内容。

4.镉的测定

陶瓷制食具容器中镉的测定可采用原子吸收光谱法或二硫腙法。

（二）搪瓷容器的检测

适用于以钛白、锑白混合涂搪原料加工成的直接接触食品的各种搪瓷食具、容器以及食品用工具各项安全指标的测定。

1.取样方法及样品处理

进行搪瓷制食具容器卫生指标的检测时，必须按产品批量数量1‰抽取试样，小批量生产，每次取样不少于6只，以500mL/只计，小于500mL/只的试样相应增加试样量；同时注明产品名称、批号、取样日期。其中一半供化验用，另一半保存2个月备做仲裁分析用。取样时首先应进行外观检查，表面平滑、涂搪均匀，无裂口、缺口、鳞爆、脱瓷、爆点、裂纹、泛沸痕、孔泡、露黑。搪瓷制食具容器的试样处理与陶瓷制食具容器的试样处理完全相同。

2.锑的测定——常采用比色法

将锑还原为三价锑，然后再氧化成五价锑，五价锑离子在PH=7时能与孔雀绿作用形成绿色络合物，生成的络合物用苯提取后与标准比较定量。

三、玻璃包装的检测

玻璃种类很多，根据所用的原材料和化学成分不同，可分为氧化铝硅酸盐玻璃、钠钙玻璃、铅晶体玻璃、硼硅酸玻璃等。玻璃是一种惰性材料，无毒无味，具有良好的化学稳定性，盛放食品时重金属的溶出性一般为0.13～0.04mg/L，比陶瓷溶出量（2.72～0.08mg/L）低，是一种比较安全的食品包装材料。玻璃传热性较差，比热较大，是铁的1.5倍，张力为355～8.8kg/mm，抗压力为60～125kg/mm^2。由于玻璃的弹性和韧性差，属于脆性材料，所以抗冲击能力较弱。玻璃的食品安全性问题主要是从玻璃中溶出的迁移物，如着色玻璃添加了金属盐，茶色玻璃需要用石墨着色，蓝色玻璃需要用氧化钴着色；在高档玻璃器皿中，如高脚酒杯往往添加铅化合物，一般可高达玻璃的30%，其有可能迁移到酒或饮料中等，对人体造成危害。在日本玻璃工业协会提出的行业标准中，是于室温下将制品浸于4%乙酸，放置30min后作为试验溶液，每个制品的溶出量为Pb < 25mg，Cd < 2.5mg；而国际标准SO 7086-1:2000（E）中，与食品接触的玻璃及玻璃陶瓷制品（结晶化玻璃）——铅与镉的溶出中，将制品浸于4%乙酸，在22℃，24h于暗处浸出，允许量Pb < 17mg，Cd < 1.7mg。

第七章　食品标准认证

第一节　无公害农产品认证

一、无公害农产品概述

（一）无公害农产品和无公害食品的概述及标志的含义

我国政府对农产品的质量安全非常重视，在国家"十五"规划发展中提出"加快建立农产品市场信息、食品安全和质量标准体系"。农业部于 21 世纪初期组织实施了"无公害食品行动计划"，该计划以全面提高我国农产品质量安全水平为核心，从产地和市场两个环节入手，通过对农产品实行"从农田到餐桌"全过程质量安全控制，基本实现全国主要农产品生产和消费无公害。

无公害农产品是指产地环境、生产过程和产品质量符合国家有关标准和规范的要求，经认证合格获得认证证书并允许使用无公害农产品标志的未经加工或者初加工的食用农产品。

无公害食品标准主要包括无公害食品行业标准和农产品安全质量国家标准，二者同时颁布。无公害食品行业标准由农业农村部制定，是无公害农产品认证的主要依据；农产品安全质量国家标准由原国家质量技术监督检验检疫总局制定。

无公害食品是农产品安全质量保障体系的产物。无公害食品的质量是依靠一整套质量标准体系来保证的，即农产品安全质量标准体系（GB 18406；GB/T 18407）和无公害产品 NY 5000 系列行业标准，从农产品产地环境要求到生产技术规范，从安全质量标准到产品质量标准都有具体的规定：农产品安全质量检测检验体系，对农产品、食品、农业投入品、农业生态环境等与无公害食品相关因素进行监督管理和检测工作；农产品安全质量认证体系，以无公害农产品生产基地认定和标识认证为基础，并逐步推行 GMP（良好制造规范）、HACCP（危害分析和关键控制点）、ISO 9000 系列标准（质量管理和质量保证体系）；农产品质量安全执法监督。有关管理部门开展农产品产地定点监测、农业投入品监督检验、无公害食品安全质量监督抽查工作。从农田到餐桌实施工程全过程质量安全控制，环环相扣，以保证无公害食品的安全质量得到充分的保证。

无公害农产品标志由绿色和橙色组成。无公害农产品标志图案主要由麦穗、对钩和无公害农产品字样组成，标志整体为绿色，其中麦穗与对钩为金色。绿色象征环保和安全，金色寓意成熟和丰收，麦穗代表农产品，对钩表示合格。标志图案直观、简洁、易于识别，含义通俗易懂。

（二）无公害食品与无公害农产品的特点

无公害食品指有害有毒物质控制在安全允许范围内的产品，具有安全性、优质性、高附加值三个明显特征。

1.安全性

无公害食品严格参照国家标准，执行省地方标准，具体有 3 个保证体系：①生产全过程监控，产前、产中、产后三个生产环节严格把关，发现问题及时处理、纠正，直至取消无公害食品标志，实行综合检测，保证各项指标符合标准；②实行归口专项管理：根据规定，省农业行政主管部门的农业环境监测机构，对无公害农产品基地环境质量进行监测和评价；③实行抽查复查和标志有效期制度。

2.优质性

由于无公害农产品（食品）在初级生产阶段严格控制化肥、残留农药，建议施用生物肥药、具有环保认证标志肥药及有机肥。因此生产的食品无异味，口感好，色泽鲜艳，无有害添加成分。

3.高附加值

无公害农产品（食品）是由省农业环境监测机构认定的标志产品，在省内具有较大影响力，价格较同类产品高。

无公害农产品应具备以下特点：

（1）目标定位

规范农业生产，保障基本安全，满足大众消费。

（2）质量水平

普通农产品质量水平。

（3）运作方式

政府运作，公益性认证；认证标志、程序、产品目录等由政府统一发布；产地认定与产品认证相结合。

（4）认证方法

依据标准，强调从土地到餐桌的全过程质量控制。检查检测并重，注重产品质量。

无公害农产品是绿色食品和有机食品发展的基础，绿色食品和有机食品是在无公害农产品基础上的进一步提高。无公害农产品必须达到以下要求：一是产地生态环境质量必须达到农产品安全生产要求；二是必须按照无公害农产品管理部门规定的生产方式进行生产；三是产品必须对人体安全、符合有关卫生标准；四是无公害农产品的品质还应是优质的；五是必须取得无公害农产品管理部门颁发的标志或证书。因此，无公害农产品的特点可以概括为无污染、安全、优质、营养并通过管理部门认证的农产品。

（三）发展无公害农产品的背景和意义

经过多年的改革和经济建设，我国已经成为世界上农副产品生产和消费大国。农产品供应的基本平衡、丰年有余，人民生活水平的日益提高，农产品国际贸易的快速发展，标志着我国农业和农村经济已经进入新阶段，对农产品提出了多样化、专用化、优质化、安全化的发展趋势，人们对农产品的质量要求越来越高。随着科技的发展，农药、兽药、饲料和添加剂、动植物激素等农资的使用，为农业生产的发展和农产品数量的增加发挥了积极的作用，同时也给农产品的安全性带来了隐患。工业三废和城市垃圾的不合理排放，造成了农产品中有毒有害物质残留量越来越高，有些已超过了卫生标准的限量要求，直接危害到人们的身体健康。可以说，农产品安全性问题的存在，不仅是我国农业和农村经济结构调整的严重障碍，也直接影响我国农产品的出口和国际市场的竞争力，已成为我国农业可持续发展的一个主要障碍。

大力提高农产品质量是现阶段农业发展的一项主要任务，也是促进农业结构调整、增加农民收入和农业可持续发展的需要，是保证城乡居民消费安全的需要，有利于提高农业的整体素质和效益，也是规范和整顿市场秩序的需要。大力发展无公害农产品生产，提高农产品卫生质量，确保食用安全，是全国人民生活总体水平进入小康阶段以后对农产品质量的起码要求，是农产品市场准入的最低标准，对于保障人民身体健康、扩大农产品出口、增加农民收入和维护我国的国际形象都具有重大的现实意义。

二、无公害产品具体管理内容

（一）农产品安全质量国家标准

当前，随着我国农业和农村经济发展进入新的阶段，农产品质量安全问题已成为农业发展的一个主要矛盾。农药、兽药、饲料添加剂、动植物激素等农资的使用，为农业生产和农产品数量的增长发挥了积极的作用，与此同时也给农产品质量安全带来了隐患，加之环境污染等其他方面的原因，我国农产品污染问题也日渐突出。农产品因农药残留、兽药残留和其他有毒有害物质超标造成的餐桌污染和引发的中毒事件时有发生。

为提高果、肉、蛋、奶、水产品的食用安全性，保证产品的质量，保护人体健康，发展无公害农产品，促进农业和农村经济可持续发展，国家质检总局特制定农产品安全质量GB/T 18406 和 GB/T 18407，以提供无公害农产品产地环境和产品质量国家标准。农产品安全质量分为两部分：无公害农产品产地环境要求和无公害农产品产品安全要求。

（二）无公害食品的质量标准体系

无公害食品生产的质量安全标准体系是农产品质量安全的基础，也是工作的基础。无公害食品产品标准中规定的安全指标一般都严于现行国家标准和行业标准的规定，基本体现了"无污染、安全、优质、营养"的特征。在无公害标准体系中，国家标准是我国标准体系中的主体，它是对全国技术经济发展有重大意义而且必须在全国范围内统一的标准。原国家质检总局于21世纪初批准发布了8项有关农产品安全质量的国家标准，分别是：《无公害蔬菜安全要求》《无公害蔬菜产地环境要求》《无公害水果安全要求》《无公害水果产地环境要求》《无公害畜禽肉产品安全要求》《无公害畜禽肉产品产地环境要求》《无公害水产品安全要求》《无公害水产品产地环境要求》。这批标准从2001年10月1日起在全国正式实施。

行业标准对无公害农产品的生产具有更全面的指导意义。为了突出无公害农产品的重要性，农业部在原有农业行业标准管理框架的基础上，单独设立了无公害食品行业标准系列，颁发NY 5000系列标准。标准涉及产地环境、生产技术规范和产品质量安全。无公害产品质量安全标准即产品标准，它是生产者组织生产的依据，是消费者用以了解产品质量优劣，从而引导消费的依据，也是产品质量检验机构进行产品质量检验和判定的依据。其确定无公害农产品质量等级、污染物检验、检验方法以及标志（标识）、包装、运输和储存等技术要求；生产技术规范规定了无公害农产品生产过程中的技术要求，包括肥料、药物使用，病虫害防治、基地建设、产品采摘等；产地环境质量标准规定了生产、加工无公害食品所要求的水源、大气质量、土壤环境质量标准和检测方法。无公害动物性食品作为特殊的无公害食品，其质量标准有特殊的要求，主要包括畜禽饮用水水质标准、加工用水水质标准、产品标准、饲养管理准则、饲料使用准则、兽药使用准则以及兽医防疫准则等。目前农业部已经组织制定了两批无公害农产品行业标准共199项，其中动物以及产品（含水生动物）106项，涉及产品32类。

地方标准和企业标准也在无公害农产品生产中起着重要作用，是无公害农产品质量标准体系不可分割的重要部分。目前，许多省（市）和企业已开始按照农产品质量安全体系的要求，制定、修订地方和企业无公害食品标准。基本实现主要农产品从农田到餐桌全过程、全方位按照安全质量标准组织生产。

农产品质量安全标准分为两类：一类是关系农产品安全要求的，这是强制性的，是国家依法强制推行的，各地区、各部门、各单位必须无条件执行；另一类是关系产地环境要求的，由于我国幅员辽阔，各地情况千差万别，因此这类标准是推荐性的，国家鼓励各地积极实行。

（三）无公害食品生产管理技术与要求

无公害食品管理标准以全程质量控制为核心，主要包括产地环境质量标准、生产技术标准和产品标准三个方面，无公害食品标准主要参考绿色食品标准的框架而制定。

1. 无公害食品产地环境质量标准

无公害食品的生产首先受地域环境质量的制约，即只有在生态环境良好的农业生产区域内才能生产出优质、安全的无公害食品。因此，无公害食品产地环境质量标准对产地的空气、农田灌溉水质、渔业水质、畜禽养殖用水和土壤等各项指标以及浓度限值做出规定：一是强调无公害食品必须产自良好的生态环境地域，以保证无公害食品最终产品的无污染、安全性；二是促进对无公害食品产地环境的保护和改善。

无公害食品产地环境质量标准与绿色食品产地环境质量标准的主要区别是：无公害食品是同一类产品不同品种制定了不同的环境标准，而这些环境标准之间没有或有很小的差异，其指标主要参考了绿色食品产地环境质量标准；绿色食品是同一类产品制定一个通用的环境标准，可操作性更强。

2. 无公害食品生产技术标准

无公害食品生产过程的控制是无公害食品质量控制的关键环节，无公害食品生产技术操作规程按作物种类、畜禽种类等与不同农业区域的生产特性分别制定，用于指导无公害食品生产活动，规范无公害食品生产，包括农产品种植、畜禽饲养、水产养殖和食品加工等技术操作规程。

从事无公害农产品生产的单位或者个人，应当严格按规定使用农业投入品。禁止使用国家禁用、淘汰的农业投入品。

无公害食品生产技术标准与绿色食品生产技术标准的主要区别是：无公害食品生产技术标准主要是无公害食品生产技术规程标准，只有部分产品有生产资料使用准则，其生产技术规程标准在产品认证时仅供参考，由于无公害食品的广泛性决定了无公害食品生产技术标准无法坚持到位。绿色食品生产技术标准包括了绿色食品生产资料使用准则和绿色食品生产技术规程两部分，这是绿色食品的核心标准，绿色食品认证和管理重点是坚持绿色食品生产技术标准到位，也只有绿色食品生产技术标准到位才能真正保证绿色食品质量。

3. 无公害食品产品标准

无公害食品产品标准是衡量无公害食品终产品质量的指标尺度。它虽然与普通食品的国家标准一样，规定了食品的外观品质和卫生品质等内容，但其卫生指标不高于国家标准，重点突出了安全指标，安全指标的制定与当前生产实际紧密结合。无公害食品产品标准反映了无公害食品生产、管理和控制的水平，突出了无公害食品无污染、食用安全的特性。

无公害食品产品标准与绿色食品产品标准的主要区别是：二者卫生指标差异很大，绿色食品产品卫生指标明显严于无公害食品产品卫生指标。

三、无公害食品认证的建立与实施方案

（一）申请无公害食品认证的前提条件

在企业准备上交无公害申请书前，应先准备好以下材料：①认真准确填写《无公害农产品产地认定与产品认证申请书》；②国家法律法规规定申请者必须具备的资质证明文件；③无公害农产品质量控制措施；④无公害农产品生产操作规程。⑤《产地环境检验报告》和《产地环境现状评价报告》或符合无公害农产品产地要求的《产地环境调查报告》。⑥《产品检验报告》（一年之内）。⑦要求提交的其他有关材料。

（二）无公害食品（农产品）的生产实施

1. 无公害食品（农产品）生产条件

无公害农产品（食品）生产基地或企业必须具备四条标准：①产品或产品原料产地必须符合无公害农产品（食品）的生态环境标准；②农作物种植畜禽养殖及食品加工等必须符合无公害食品的生产操作规程；③产品必须符合无公害食品的质量和安全标准；④产品的标签必须符合《无公害食品标志设计标准手册》中的规定。

农药使用准则：提倡生物防治和生物生化防治、应使用高效、低毒、低残留农药。使用的农药应三证齐全，包括农药生产登记证、农药生产批准证、执行标准号。每种有机合成农药在一种作物的生长期内避免重复使用。禁止使用禁用目录中(含砷、锌、汞)的农药。

肥料使用准则：禁止使用未经国家或省农业部门登记的化学和生物肥料。肥料使用总量（尤其是氮化肥总量）必须控制在土壤地下水硝酸盐含量在 40mg/L 以下。必须按照平衡施肥技术，氮、磷、钾要达到合适比例，以优质有机肥为主。肥料使用结构中有机肥所占比例不低于 1：1（纯养分计算）。

2. 无公害农产品生产的技术规程

（1）农业综合防治措施
①选用抗病良种
选择适合当地生产的高产、抗病虫、抗逆性强的优良品种，少施药或不施药，是防病增产经济有效的方法。
②栽培管理措施
一是保护地蔬菜实行轮作倒茬，如瓜类的轮作不仅可明显地减轻病害，而且有良好的增产效果；温室大棚蔬菜种植两年后，在夏季种一季大葱也有很好的防病效果。二是清洁田园，彻底消除病株残体、病果和杂草，集中销毁或深埋，切断传播途径。三是采取地膜覆盖，膜下灌水，降低大棚湿度。四是实行配方施肥，增施腐熟好的有机肥，配合施用磷肥，控制氮肥的施用量，生长后期可使用硝态氮抑制剂双氰胺，防止蔬菜中硝酸盐的积累

和污染。五是在棚室通风口设置细纱网，以防白粉虱、蚜虫等害虫的入侵。六是深耕改土、垅土法等改进栽培措施。七是推广无土栽培和净沙栽培。

③生态防治措施

主要通过调节棚内温湿度、改善光照条件、调节空气等生态措施，促进蔬菜健康成长，抑制病虫害的发生。一是"五改一增加"，即改有滴膜为无滴膜，改棚内露地为地膜全覆盖种植，改平畦栽培为高垅栽培，改明水灌溉为膜下暗灌，改大棚中部放风为棚脊高处放风；增加棚前沿防水沟，集棚膜水于沟内排除渗入地下，降低棚内水分蒸发。二是在冬季大棚的灌水上，掌握"三不浇三浇三控"技术，即阴天不浇晴天浇，下午不浇上午浇，明水不浇暗水浇；苗期控制浇水，连阴天控制浇水，低温控制浇水。三是在防治病虫害上，能用烟雾剂和粉尘剂防治的不用喷雾防治，减少棚内湿度。四是常擦拭棚膜，保持棚膜的良好透光，增加光照，提高温度，降低相对湿度。五是在防冻害上，通过加厚墙体、双膜覆盖，采用压膜线压膜减少孔洞、加大棚体、挖防寒沟等措施，提高棚室的保温效果，能使相对湿度降到80%以下，可提高棚温3～4℃，从而有效减轻蔬菜的冻害和生理病害。

（2）物理防治措施

①晒种、温水浸种

播种或浸种催芽前，将种子晒2～3天，可利用阳光杀灭附在种子上的病菌；茄、瓜、果类的种子用55℃温水浸种10～15min，均能起到消毒杀菌的作用；用10%的盐水浸种10min，可将混入芸豆、豆角种子里的菌核病残体及病菌漂出和杀灭，然后用清水冲洗种子，播种，可防菌核病，用此法也可防治线虫病。

②利用太阳能高温消毒、灭病灭虫

菜农常用方法是高温闷棚或烤棚，夏季休闲期间，将大棚覆盖后密闭选晴天闷晒增温，可达60～70℃，高温闷棚5～7天杀灭土壤中的多种病虫害。

③嫁接栽培

利用黑籽南瓜嫁接黄瓜、西葫芦，能有效地防治枯萎病、灰霉病，且抗病性和丰产性高。

④诱杀

利用白粉虱、蚜虫的趋黄性，在棚内设置黄油板、黄水盆等诱杀害虫。

⑤喷洒无毒保护剂和保健剂

蔬菜叶面喷洒巴母兰400～500倍液，可使叶面形成高分子无毒脂膜，起预防污染效果；叶面喷施植物健生素，可增加植株抗虫病害能力，且无腐蚀、无污染，安全方便。

（3）科学合理施用农药

①严禁在蔬菜上使用高毒、高残留农药

如呋喃丹、3911、1605、甲基1605、1059、甲基异柳磷、久效磷、磷胺、甲胺磷、氧化乐果、磷化锌、磷化铝杀虫脒、氟乙酸胺、六六六、DDT、有机汞制剂等都禁止在蔬菜上使用，并作为一项严格法规来对待，违者罚款，造成恶果者，追究刑事责任。

②选用高效低毒低残留农药

如敌百虫、辛硫磷、马拉硫磷、多菌灵、托布津等。严格执行农药的安全使用标准，控制用药次数、用药浓度和注意用药安全间隔期，特别注意在安全采收期采收食用。

四、无公害农产品认证

（一）无公害农产品的管理机构与监督管理

全国无公害农产品的管理及质量监督工作，由农业部门、国家质量监督检验检疫部门和国家认证认可监督管理委员会按照各自的职责和国务院的有关规定，分工负责。

各级农业行政主管部门和质量监督检验检疫部门在政策、资金、技术等方面扶持无公害农产品的发展，组织无公害农产品新技术的研究、开发和推广。

农业农村部、国家市场监督管理总局、国家认证认可监督管理委员会和国务院有关部门根据职责分工，依法组织对无公害农产品的生产、销售和无公害农产品标志使用等活动进行监督管理。

无公害农产品的认证机构由国家认证认可监督管理委员会审批，并获得国家认证认可委员会授权的认可机构资格认定后，方可从事无公害农产品认证活动。认证机构对获得认证的产品进行跟踪检查，受理有关的投诉、申诉工作。

（二）无公害农产品认证与标志的管理

I. 无公害农产品产地认证和生产管理条件

省级农业行政主管部门根据《无公害农产品管理办法》的规定负责组织实施本辖区内无公害农产品产地的认定工作。无公害农产品产地应符合下列条件。

①产地环境符合无公害农产品产地环境的标准（GB/T 18407.1—2001 农产品安全质量——无公害蔬菜产地环境要求、GB/T 18407.2—2001 农产品安全质量——无公害水果产地环境要求、GB/T 18407.3—2001 农产品安全质量——无公害畜禽肉产地环境要求、GB/T 18407.4—2001 农产品安全质量——无公害水产品产地环境要求）要求；

②区域范围明确；

③具备一定的生产规模。

无公害农产品的生产管理应当符合下列条件：

①生产过程符合无公害农产品生产技术的标准要求；

②有相应的专业技术和管理人员；

③有完善的质量控制措施，并有完整的生产和销售记录档案；

④从事无公害农产品生产的单位或者个人，应当严格按规定使用农业投入品，禁止使用国家禁用、淘汰的农业投入品；

⑤无公害农产品产地应当树立标示牌，标示范围、产品品种和责任人。

2. 无公害农产品标志管理

农业农村部、国家市场监督管理总局、国家认证认可监督管理委员会和国务院有关部门根据职责分工，依法组织对无公害农产品的生产、销售和无公害农产品标志使用等活动进行监督管理。具体内容包括：①查阅或者要求生产者、销售者提供有关材料；②对无公害农产品产地认定工作进行监督；③对无公害农产品认定机构的认定工作进行监督；④对无公害农产品检测机构的检测工作进行检查；⑤对使用无公害农产品标志的产品进行检查、检验和鉴定；⑥必要时对无公害农产品经营场所进行检查。

无公害农产品标志（以下简称标志）是获得无公害农产品认证的产品或其外包装上的证明性标志。该标志的使用涉及政府对无公害农产品质量的保证和对生产者、经营者及消费者合法权益的维护，是国家有关部门对无公害农产品进行有效监督和管理的重要手段。农业部农产品质量安全中心负责标志的申请、审核、发放及跟踪检查工作。

农业部和国家认证认可监督管理委员会制定并发布《无公害农产品标志管理办法》。无公害农产品标志应当在认证的品种、数量等范围内使用。

获得无公害农产品认证证书的单位或者个人，可以在证书规定的产品、包装、标签、广告、说明书上使用无公害农产品标志。

认证机构对获得认证的产品进行跟踪检查，受理有关的投诉、申诉工作。任何单位和个人不得伪造、冒用、转让、买卖无公害农产品产地认定证书、产品认证证书和标志。

获得无公害农产品产地认定证书的单位或者个人违反本办法，有下列情形之一的，由省级农业行政主管部门予以警告，并责令限期改正；逾期未改正的，撤销其无公害农产品产地认定证书：

①无公害农产品产地被污染或者产地环境达不到标准要求的；

②无公害农产品产地使用的农业投入品不符合无公害农产品相关标准要求的；

③擅自扩大无公害农产品产地范围的。

违反《无公害农产品标志管理办法》规定的，由县级以上农业行政主管部门和各地市场监督管理部门根据各自的职责分工责令其停止，并可处以违法所得1倍以上3倍以下的罚款，但最高罚款不得超过3万元；没收违法所得的，可处以1万元以下的罚款。

获得无公害农产品认证并加贴标志的产品，经检查、检测、鉴定，不符合无公害农产品质量标准要求的，由县级以上农业行政主管部门或者各地质量监督检验检疫部门责令停止使用无公害农产品标志，由认证机构暂停或者撤销认证证书。

无公害农产品认证证书有效期为3年。期满需要继续使用的，应当在有效期满90日前按照本办法规定的无公害农产品认证程序，重新办理。

在有效期内生产无公害农产品认证证书以外的产品品种，应当向原无公害农产品认证机构办理认证证书的变更手续。

无公害农产品产地认定证书、产品认证证书格式由农业部、国家认证认可监督管理委员会规定。

（三）无公害农产品认证标志的申请

1. 无公害农产品认证申请书（种植业产品）

申请人（单位或个人）必须保证遵守《中华人民共和国产品质量法》和《无公害农产品管理办法》及相关法律、法规的要求，接受农业农村部农产品质量安全中心对本单位的认证检查。认真填写《申请书》，并提供以下材料：

①申报材料目录（注明名称、页数和份数）；

②《无公害农产品产地认定证书》（复印件）；

③产地《环境检验报告》和《环境现状评价报告》（2年内的）；

④产地区域范围和生产规模；

⑤无公害农产品生产计划（3年内的生产计划、面积、种植开始日期、生长期、产品产出日期和产品数量）；

⑥无公害农产品质量控制措施（申请人制定的本单位的质量控制技术文件）；

⑦无公害农产品生产操作规程（申请人制定的本单位的生产操作规程）；

⑧专业技术人员的资质证明（专业技术职务任职资格证书复印件）；

⑨无公害农产品的有关培训情况和计划；

⑩申请认证产品上个生产周期的生产过程记录档案样本（投入品的使用记录和病虫草鼠害防治记录）；

⑪"公司加农户"形式的申请人应当提供公司和农户签订的购销合同范本、农户名单以及管理措施；

⑫营业执照、注册商标（复印件）；

⑬外购原料须附购销合同复印件；

⑭产地区域及周围环境示意图和说明；

⑮初级产品加工厂卫生许可证复印件。

2. 无公害农产品认证申请书（畜牧业产品）

申请人（单位或个人）必须保证遵守《中华人民共和国产品质量法》和《无公害农产品管理办法》及相关法律、法规的要求，接受农业农村部农产品质量安全中心对本单位的认证检查。认真填写《申请书》，并提供以下材料：

①申报材料目录（注明名称、页数和份数）；

②《无公害农产品产地认定证书》（复印件）；

③产地《环境检验报告》和《环境现状评价报告》（2年内的）；

④产地区域范围和生产规模；

⑤无公害农产品生产计划（3年内的生产计划、面积、种植开始日期、生长期、产品

产出日期和产品数量）；

⑥无公害农产品质量控制措施（申请人制定的本单位的质量控制技术文件）；

⑦无公害农产品生产操作规程（申请人制定的本单位的生产操作规程）；

⑧专业技术人员的资质证明（专业技术职务任职资格证书复印件）；

⑨无公害农产品的有关培训情况和计划；

⑩申请认证产品上个生产周期的生产过程记录档案样本（养殖、防疫、屠宰、加工记录）；

⑪"公司加农户"形式的申请人应当提供公司和农户签订的购销合同范本、农户名单以及管理措施；

⑫营业执照、注册商标（复印件）；

⑬外购原料须附购销合同复印件；

⑭产地区域及周围环境示意图和说明；

⑮畜禽饮用水水质检验报告；

⑯畜禽产品加工用水水质检验报告；

⑰初级产品加工厂卫生许可证复印件。

3. 无公害农产品认证申请书（渔业产品）

申请人（单位或个人）必须保证遵守《中华人民共和国产品质量法》和《无公害农产品管理办法》及相关法律、法规的要求，且产品质量符合国家标准（GB/T 18406.1—2001农产品安全质量——无公害蔬菜安全要求、GB/T 18406.2—2001农产品安全质量——无公害水果安全要求、GB/T 18406.3—2001农产品安全质量——无公害畜禽安全要求、GB/T 18406.4—2001农产品安全质量－无公害水产品安全要求）以及无公害食品行业标准的规定要求，同时接受农业部农产品质量安全中心对本单位的认证检查。认真填写《申请书》，并提供以下材料：

①申报材料目录（注明名称、页数和份数）；

②《无公害农产品产地认定证书》（复印件）；

③产地《环境检验报告》和《环境现状评价报告》（2年内的）；

④产地区域范围和生产规模；

⑤无公害农产品生产计划（3年内的生产计划、面积、养殖开始日期、生长期、产品产出日期和产品数量）；

⑥无公害农产品质量控制措施（申请人制定的本单位的质量控制技术文件）；

⑦无公害农产品生产操作规程（申请人制定的本单位的生产操作规程）；

⑧专业技术人员的资质证明（专业技术职务任职资格证书复印件）；

⑨无公害农产品的有关培训情况和计划；

⑩申请认证产品上个生产周期的生产过程记录档案样本（养殖记录和污染防治记录及防疫记录）；

⑪ "公司加农户"形式的申请人应当提供公司和农户签订的购销合同范本、农户名单以及管理措施；

⑫ 营业执照、注册商标（复印件）；

⑬ 外购原料须附购销合同复印件；

⑭ 产地区域及周围环境示意图和说明；

⑮ 渔用配合饲料检验报告；

⑯ 初级产品加工厂卫生许可证复印件。

（四）无公害农产品的认证程序

I. 无公害农产品的申报条件

（1）产地认定申请

申请人向所在地县级以上人民政府农业行政主管部门申领《无公害农产品产地认定申请书》和相关资料，或者从中国农业信息网站（www.agri.gov.cn）下载获取。申请人向产地所在地县级人民政府农业行政主管部门（以下简称县级农业行政主管部门）提出申请，并提交以下材料：

①《无公害农产品产地认定申请书》；

②产地的区域范围、生产规模；

③产地环境状况说明；

④无公害农产品生产计划；

⑤无公害农产品质量控制措施；

⑥专业技术人员的资质证明；

⑦保证执行无公害农产品标准和规范的声明；

⑧要求提交的其他有关材料。

（2）产地认定材料审查和现场检查

①县级农业行政主管部门自受理之日起 30 日内，对申请人的申请材料进行形式审查。符合要求的，出具推荐意见，连同产地认定申请材料逐级上报省级农业行政主管部门；不符合要求的，应当书面通知申请人。

②省级农业行政主管部门应当自收到推荐意见和产地认定申请材料之日起 30 日内，组织有资质的检查员对产地认定申请材料进行审查。

③材料审查不符合要求的，应当书面通知申请人。

④材料审查符合要求的，省级农业行政主管部门组织有资质的检查员参加的检查组对产地进行现场检查。

⑤现场检查不符合要求的，应当书面通知申请人。

（3）环境检测

①申请材料和现场检查符合要求的，省级农业行政主管部门通知申请人委托具有资质

的检测机构对其产地环境进行抽样检验。

②检测机构应当按照标准进行检验，出具环境检验报告和环境评价报告，分送省级农业行政主管部门和申请人。

③环境检验不合格或者环境评价不符合要求的，省级农业行政主管部门应当书面通知申请人。

（4）产地认定评审及颁证

①省级农业行政主管部门对材料审查、现场检查、环境检验和环境现状评价符合要求的，进行全面评审，并做出认定终审结论。

②符合颁证条件的，颁发《无公害农产品产地认定证书》。

③不符合颁证条件的，应当书面通知申请人。

④《无公害农产品产地认定证书》有效期为 3 年。期满后需要继续使用的，证书持有人应当在有效期满前 90 日内按照本程序重新办理。

2.无公害农产品产地认定与产品认证程序

无公害农产品产地认定与产品认证一体化审查流程图（如图 7-1 所示）。

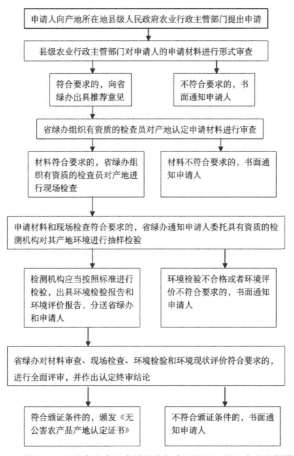

图 7-1　无公害农产品产地认定与产品认证一体化审查流程图

第二节 绿色食品认证

一、绿色食品的概述

（一）绿色食品的概念

绿色食品是指遵循可持续发展原则，按照特定生产方式生产，经专门机构认定，许可使用绿色食品标志商标的，无污染的安全、优质、营养类食品。由于与环境保护有关的事物国际上通常都冠之以"绿色"，为了更加突出这类食品出自良好生态环境，因此定名为绿色食品。

我国规定绿色食品分为 AA 级和 A 级 2 类。

AA 级绿色食品是指生产环境符合 NY/T 391—2013 的要求，生产过程中不使用任何有害化学合成物质，按特定的生产操作规程生产、加工，产品质量及包装经检测、检查符合特定标准，经中国绿色食品发展中心认定并允许使用绿色食品标志的产品。

A 级绿色食品是指生产产地的环境符合 NY/T 391—2013 的要求，在生产过程中严格按照绿色食品生产资料使用准则和生产操作规程要求，限量使用限定的化学合成生产资料，产品质量符合绿色食品产品标准，经专门机构认定，许可使用 A 级绿色食品标志的产品。

在绿色食品的申报审批过程中将区分 AA 级和 A 级绿色食品，其中 AA 级绿色食品完全与国际接轨，各项标准均达到或严于国际同类食品，但在我国现有条件下，大量开发 AA 级绿色食品有一定的难度，将 A 级绿色食品作为向 AA 级绿色食品过渡的一个过渡期产品，它不仅在国内市场上有很强的竞争力，在国外普通食品市场上也有很强的竞争力。AA 级和 A 级绿色食品的区别如表 7-1 所示。

表 7-1　绿色食品分级标准的区别

评价体系	AA 级绿色食品	A 级绿色食品
环境评价	采用单项指数法，各项数据均不得超过有关标准	采用综合指数法，各项环境监测的综合污染指数不得超过 1
生产过程	生产过程中禁止使用任何化学合成肥料、化学农药及化学合成食品添加剂	生产过程中允许限量、限时间、限定方法使用限定品种的化学合成物质
产品	各种化学合成农药及合成食品添加剂均不得检出	允许限定使用的化学合成物质的残留量仅为国家或国家标准的 1/2，其他禁止使用的化学物质不得检出
包装标识与编制编号	标志和标准字体为绿色，底色为白色，防伪标签的底色为蓝色，标志编号以双数结尾	标志和标准字体为白色，底色为绿色，防伪标签的底色为绿色，标志编号以单数结尾

（二）绿色食品的标志

　　绿色食品标志是指"绿色食品""Green Food"，绿色食品标志图形及这三者相互组合的四种形式，注册在以食品为主的产品上，并扩展到肥料等与绿色食品相关的产品上。

　　绿色食品标志作为一种产品质量的证明商标，其商标专用权受《中华人民共和国商标法》保护。标志使用是食品通过专门机构认证，许可企业依法使用。

　　绿色食品商标由特定的图形（图 7-2）来表示。绿色食品标志由三部分构成：即上方的太阳，下方的叶片和中心的蓓蕾，象征自然生态；颜色为绿色，象征着生命、农业、环保；图形为正圆形，意为保护。AA 级绿色食品标志与字体为绿色，底色为白色，A 级绿色食品标志与字体为白色，底色为绿色。整个图形描绘了一幅明媚阳光照耀下的和谐生机，告诉人们绿色食品出自纯净、良好生态环境的安全、无污染食品，能给人们带来蓬勃的生命力。绿色食品标志还提醒人们要保护环境、防止污染，通过改善人与环境的关系，创造自然界的和谐。

图 7-2　绿色食品商标

　　绿色食品标志管理的手段包括技术手段和法律手段。技术手段是指按照绿色食品标准体系对绿色食品产地环境、生产过程及产品质量进行认证，只有符合绿色食品标准的企业和产品才能使用绿色食品标志商标。法律手段是指对使用绿色食品标志的企业和产品实行商标管理。绿色食品标志商标已由中国绿色食品发展中心在国家知识产权局注册，专用权受《中华人民共和国商标法》保护。

（三）绿色食品的特点

　　无污染、安全、优质、营养是绿色食品的基本特征。无污染是指在绿色食品生产、加工过程中，通过严密监测、控制、防范农药残留、放射性物质、重金属、有害细菌等对食品生产各个环节的污染，以确保绿色食品产品的洁净。绿色食品的优质特性不仅包括产品的外表包装水平高，而且包括内在质量水准高。产品的内在质量又包括两方面：一是内在品质优良；二是营养价值和卫生安全指标高。绿色食品与普通食品相比较，具有三个显著特征。

1. 强调产品出自最佳生态环境

绿色食品生产从原料产地的生态环境入手，通过对原料产地及其周围的生态环境因子严格监测，判断是否具备生产绿色食品的基础条件。

2. 对产品实行全程质量控制

绿色食品生产实施"从土地到餐桌"全程质量控制。通过产前环节的环境监测和原料检测，产品环节具体生产、加工操作规程的落实，以及产后环节产品质量、卫生指标、包装、保鲜、运输、储藏、销售控制，确保绿色食品的整体产品质量，并提高整个生产过程的技术含量。

3. 对产品依法实行标志管理

绿色食品标志是一个质量证明商标，属知识产权范畴，受《中华人民共和国商标法》保护。

（四）绿色食品的发展现状与前景展望

我国于 1990 年正式开始发展绿色食品，到现在经历多年时间，其间建立和推广了绿色食品生产和管理体系，取得了积极成效，而且目前仍保持较快的发展势头。

中国绿色食品发展中心现已在全国 31 个省、市、自治区委托了 38 个分支管理机构、定点委托绿色食品产地环境监测机构 56 个、绿色食品产品质量检测机构 9 个，从而形成了一个覆盖全国的绿色食品认证管理、技术服务和质量监督网络。

参照有机农业运动国际联盟（IFCAM）有机农业及生产加工基本标准、欧盟有机农业 2092/91 号标准以及世界食品法典委员会有机生产标准，结合中国国情制定了绿色食品产地环境标准，肥料、农药、兽药、水产养殖用药、食品添加剂、饲料添加剂等生产资料使用准则，全国七大地理区域 72 种农作物绿色食品生产技术规程，一批绿色食品产品标准以及 AA 级绿色食品认证准则等，绿色食品"从土地到餐桌"全程质量控制标准体系已初步建立和完善。

1996 年，中国绿色食品发展中心原在中国国家工商行政管理局完成了绿色食品标志图形、中英文及图形、文字组合等 4 种形式在 9 大类商品上共 33 件证明商标的注册工作；原中国农业部制定并颁布了《绿色食品标志管理办法》，标志着绿色食品作为一项拥有自主知识产权的产业在中国的形成，同时也表明中国绿色食品开发和管理步入了法制化、规范化的轨道。

绿色食品市场建设已初显成效,目前,北京、上海、天津、哈尔滨、南京、西安、深圳等大中城市相继组建了绿色食品专业营销网点和流通渠道,绿色食品以其鲜明的形象、过硬的质量、合理的价位赢得了广大消费者的好评,市场覆盖面日益扩大,市场占有率越来越高;相当一部分绿色食品已成功进入日本、美国、欧洲、中东等国家和地区的市场,并显示出了在技术、质量、价格、品牌上的明显优势,展示出了绿色食品广阔的出口前景。

绿色食品国际交流与合作取得重大进展。1993 年,中国绿色食品发展中心加入有机农业运动国际联盟(IFOAM),奠定了中国绿色食品与国际相关行业交流与合作的基础。目前,"中心"已与 90 个国家、近 500 个相关机构建立了联系,并与许多国家的政府部门、科研机构以及国际组织在质量标准、技术规范、认证管理、贸易准则等方面进行了深入的合作与交流,不仅确立中国绿色食品的国际地位,广泛吸引了外资,而且有力地促进了生产开发和国际贸易。1998 年,联合国亚太经济与社会委员会(UNESCAP)重点向亚太地区的发展中国家介绍和推广了中国绿色食品开发和管理的模式。

(五)绿色食品标准体系和内容

绿色食品标准以全程质量控制为核心,由以下几部分构成。

1. 绿色食品产地环境质量标准

制定这项标准的目的有两点,一是强调绿色食品必须产自良好的生态环境地域,以保证绿色食品最终产品的无污染、安全性;二是促进对绿色食品产地环境的保护和改善。

绿色食品产地环境质量标准规定了产地的空气质量标准、农田灌溉水质标准和土壤环境质量标准的各项指标以及浓度限值、监测和评价方法。提出了绿色食品产地土壤肥力分级和土壤质量综合评价方法。对于一个给定的污染物在全国范围内其标准是统一的,必要时可增设项目,适用于绿色食品(AA 级和 A 级)生产的农田、菜地、果园、牧场、养殖场和加工厂。

2. 绿色食品生产技术标准

绿色食品生产过程的控制是绿色食品质量控制的关键环节。绿色食品生产技术标准是绿色食品标准体系的核心,它包括绿色食品生产资料使用准则和绿色食品生产技术操作规程两部分。绿色食品生产资料使用准则是对生产绿色食品过程中物质投入的一个原则性规定,它包括生产绿色食品的农药、肥料、食品添加剂、饲料添加剂、兽药和水产养殖药的使用准则,对允许、限量和禁止使用的生产资料及其使用方法、使用剂量、使用次数和休药期等做出了明确规定。绿色食品生产技术操作规程是以上述准则为依据,按农作物种类、畜禽种类和不同农业区域的生产特性分别制定的,用于指导绿色食品生产活动,规范绿色食品生产技术的操作规范,包括农产品种植、畜禽饲养、水产养殖和食品加工等技术操作规范。

3. 绿色食品产品标准

该标准是衡量绿色食品最终产品质量的指标尺度。它虽然与普通食品的标准一样，规定了食品的外观品质、营养品质和卫生品质等内容，但其卫生品质要求高于国家现行标准，主要表现在对农药残留和重金属的检测项目种类多、指标严。而且，使用的主要原料必须来自绿色食品产地、按绿色食品生产技术操作规程生产出来的产品。绿色食品产品标准反映了绿色食品生产、管理和质量控制的水平，突出了绿色食品产品无污染、安全的卫生品质。

4. 绿色食品包装标签标准

该标准规定了进行绿色食品产品包装时应遵守的原则，包装材料选用的范围、种类，包装上的标识内容等。要求产品包装从原料、产品制造、使用、回收和废弃的整个过程都应有利于食品安全和环境保护，包括包装材料的安全、牢固性，节省资源、能源，减少或避免废弃物产生，易回收循环利用，可降解等具体要求和内容。绿色食品产品标签除要求符合《食品标签通用标准》外，还要求符合《中国绿色食品商标标志设计使用规范手册》规定，该手册对绿色食品的标准图形、标准字形、图形和字体的规范组合、标准色、广告用语以及在产品包装标签上的规范应用均做了具体规定。

5. 绿色食品储存、运输标准

该项标准对绿色食品储运的条件、方法、时间做出规定，以保证绿色食品在储运过中不遭受污染、不改变品质，并有利于环保、节能。

6. 绿色食品其他相关标准

绿色食品其他相关标准包括"绿色食品生产资料"认定标准、"绿色食品生产基地"认定标准等，这些标准都是促进绿色食品质量控制管理的辅助标准。

以上标准对绿色食品产前、产中和产后即"从农田到餐桌"全过程质量控制技术和指标做了全面的规定，构成了一个科学、完整的绿色食品标准体系。

二、绿色食品的生产与实施

（一）绿色食品生产标准的内容

1. 相关标准和准则

（1）绿色食品产地环境质量标准

原农业部行业标准《绿色食品产地环境技术条件》NY/Y 391—2013规定，绿色食品生产基地应选择在无污染和生态条件良好的地区。基地选点应远离工矿区和公路铁路干线，避开工业和城市污染源的影响，同时绿色食品生产基地应具有可持续的生产能力。

（2）绿色食品中食品添加剂使用准则

《NY/T 392—2000 绿色食品食品添加剂使用准则》标准规定了生产绿色食品所允许使用的食品添加剂的种类、使用范围和最大使用量。绿色食品生产中食品添加剂和加工助剂使用的目的有 3 条：一是保持和提高产品的营养价值；二是提高产品的耐储性和稳定性；三是改善产品的成分、品质和感官，提高加工性能。绿色食品生产中食品添加剂和加工助剂的使用原则有以下 7 条：①如果不使用添加剂或加工助剂就不能生产出类似的产品；② AA 级绿色食品中允许使用"AA 级绿色食品生产资料"食品添加剂类产品，在此产品不能满足生产需要的情况下，允许使用天然食品添加剂；③A 级绿色食品中允许使用"AA 级绿色食品生产资料"食品添加剂类产品和"A 级绿色食品生产资料"食品添加剂类产品，在这类产品均不能满足生产需要的情况下，允许使用除⑦以外的化学合成食品添加剂；④所用食品添加剂的产品质量必须符合相应的行业标准和国家标准；⑤允许使用食品添加剂的使用量应符合 GB 2760、GB 14880 的规定；⑥不得对消费者隐瞒绿色食品中所用食品添加剂的性质、成分和使用量；⑦在任何情况下，绿色食品中不得使用下列食品添加剂：抗结剂、膨松剂、护色剂、着色剂、防腐剂、漂白剂、抗氧化剂、甜味剂、面粉处理剂、乳化剂、防腐剂等。

2. 绿色食品生产中农药使用准则

绿色食品生产应从作物、病虫害等整个生态系统出发，综合运用各种防治措施，创造不利于病虫害、草害滋生和有利于各类天敌繁衍的环境条件，保护农业生态系统的平衡和生物多样性，从而减少各类病虫害、草害所引起的损失。绿色食品的生产应优先采用农业措施，通过选用抗虫、抗病品种，非化学农药种子处理，培育壮苗，加强栽培管理，中耕除草，秋季深翻晒土，轮作倒茬、间作套种等一系列农业生产具体措施来防治病虫害和草害。绿色食品生产还应利用物理方法如灯光、色彩诱杀害虫，利用机械方法和人工方法捕捉害虫，采用机械和人工进行除草等措施。

在特殊情况下必须使用农药时，应遵循以下准则。

（1）AA 级绿色食品的农药使用准则

①应首先使用 AA 级绿色食品生产资料农药类产品。

②在 AA 级绿色食品生产资料农药类不能满足植保各种需要的情况下，允许使用以下农药及方法：中等毒性以下植物源杀虫剂、杀菌剂、驱避剂和增效剂，如除虫菊素、鱼藤根、烟草水、大蒜素、芝麻素等；释放寄生性捕食性天敌动物，昆虫、捕食螨、蜘蛛及昆虫病原线虫等；在害虫捕捉器中允许使用昆虫信息素及植物源引诱剂；允许使用矿物油和植物油制剂；允许使用矿物源农药中的硫制剂、铜制剂；经专门机构核准，允许有限度的使用活体微生物农药，如真菌制剂、细菌制剂、病毒制剂、放线菌、拮抗菌剂、昆虫病原线虫、原虫等；允许有限度地使用农用抗生素，如春雷毒素、多抗毒素、井冈毒素、农抗

120、中生菌素、浏阳霉素等。

③禁止使用有机合成的化学杀虫剂、杀螨剂、杀菌剂、杀线虫剂、除草剂和植物生长调节剂。

④禁止使用生物源、矿物源农药中混配有机合成农药的各种制剂。

⑤严禁使用基因工程品种（产品）及制剂。

（2）生产 A 级绿色食品的农药使用准则

①应首先使用 AA 级和 A 级绿色食品生产资料农药类产品。

②在 AA 级和 A 级绿色食品生产资料农药类产品不能满足植保工作需要的情况下，允许使用以下农药及方法：中等毒性以下植物源农药、动物源农药和微生物源农药；在矿质源农药中允许使用硫制剂、铜制剂；可以有限度地使用部分有机合成农药，并按 GB 4285、GB 8321.1、GB 8321.2、GB 8321.3、GB 8321.4、GB 8321.5 的要求执行。此外还要严格执行下述规定：一是应选用上述标准中列出的低毒农药和中等毒性农药；二是严禁使用剧毒、高毒、高残留或具有三致毒性（致癌、致畸、致突变）的农药；三是每种有机合成农药（含 A 级绿色食品生产资料农药类的有机合成产品）在一种作物的生长期内只允许使用一次（其中菊酯类农药在作物生长期只允许使用一次）。应按照 GB 4285、GB 8321.1、GB 8321.2、GB 8321.3、GB 8321.4、GB 8321.5 的要求控制施药量与安全间隔期。有机合成农药在农产品中的最终残留应符合 GB 4285、GB 8321.1、GB 8321.2、GB8321.3、GB 8321.4、GB 8321.5 的最高残留限量（MRL）要求。

③严禁使用高毒、高残留农药防治储藏期病虫害。

④严禁使用基因工程品种（产品）制剂。

（3）绿色食品生产允许使用的农药种类

①生物源农药

微生物源农药农用抗生素：灭瘟素、春雷霉素、多抗霉素（多氧霉素）、井冈霉素、农抗 120、中生菌素等防治真菌病害类和浏阳霉素、华光霉素等防治螨类。

活体微生物农药：蜡蚧轮枝菌等真菌剂；苏云金杆菌、蜡质芽孢杆菌等细菌剂；拮抗菌剂；昆虫病原线虫；微孢子；核多角体病毒等病毒类。

动物源农药：性信息素等昆虫信息素（或昆虫外激素）；寄生性、捕食性的天敌动物等活体制剂。

植物源农药：除虫菊素、鱼藤酮、烟碱、植物油等杀虫剂；大蒜素杀菌剂；芝麻素等增效剂。

②矿物源农药

无机杀螨杀菌剂：硫悬乳剂、可湿性硫、石硫合剂等硫制剂；硫酸铜、王铜、氢氧化铜、波尔多液等铜制剂。矿质油乳剂：菜油乳剂等。

③有机合成农药

由人工研制合成，并由有机化学工业生产的商品化的一类农药，包括中等毒和低毒类杀虫杀螨剂、杀菌剂、除草剂。

（4）绿色食品肥料使用准则

《绿色食品肥料使用准则》（NY/T 394—2000）标准规定了 AA 级绿色食品和 A 级绿色食品生产中允许使用的肥料种类、组成及使用准则。肥料使用必须满足作物对营养元素的需要，使足够数量的有机物质返回土壤，以保持或增加土壤肥力及土壤生物活性。所有有机或无机（矿质）肥料，尤其是富含氮的肥料应对环境和作物（营养、味道、品质和植物抗性）不产生不良后果方可使用。

（5）生产 AA 级绿色食品的肥料使用原则

①必须选用生产 AA 级绿色食品允许使用的肥料种类，禁止使用任何化学合成肥料。

②禁止使用城市垃圾和污泥、医院的粪便垃圾和含有害物质（如毒气、病原微生物、重金属等）的垃圾。

③各地可因地制宜采用秸秆还田、过腹还田、直接还田等形式。

④利用覆盖、翻压、堆沤等方式合理利用绿肥。绿肥应在盛花期翻压，翻埋深度为 15cm 左右，盖土要严，翻后耙匀。压青后 15 ~ 20 天才能进行播种和移苗。

⑤腐熟的沼气液、残渣及人畜粪便可用作追肥，严禁施用未腐熟的人粪尿。

⑥饼肥优先用于水果、蔬菜等，禁止施用未腐熟的饼肥。

⑦叶面肥料质量应符合国家标准规定的技术要求，按使用说明要求稀释，在作物生长期内喷施 2 ~ 3 次。

⑧微生物肥料可用于拌种，也可作底肥和追肥使用。使用时应严格按照使用说明书的要求操作，微生物肥料的有效活菌数应符合农业部行业标准（NY 227—1994）的要求。

（6）生产 A 级绿色食品的肥料使用原则

①必须使用生产 A 级绿色食品允许使用的肥料种类，在 A 级绿色食品使用肥料种类不能满足需要时，可以使用按一定比例组配的有机无机混肥，但禁止使用硝态氮肥。

②化肥必须与有机肥配合使用，有机氮与无机氮之比不超过 1 : 1，对叶菜最后一次追肥必须在收获前 30 天进行。

③化肥也可与有机肥、复合微生物肥料配合使用，厩肥 1000kg，加尿素 5 ~ 10kg 或磷酸二铵 20kg，复合微生物肥料 60kg；最后一次追肥必须在收获前 30 天进行。

④城市生活垃圾一定要经过无害化处理，质量达到城市垃圾农用控制国家标准的技术要求才能使用；每年每亩农田控制用量，黏性土不超过 3000kg，砂性土壤不超过 2000kg。

⑤在实行秸秆还田时，允许施少量氮素化肥调节碳氮比。

⑥其他原则与 AA 级绿色食品肥料使用原则相同。

（7）允许使用的肥料种类

① AA 级绿色食品生产允许使用的肥料种类

农家肥料：AA 级绿色食品生产资料肥料类产品；在农家肥料和 AA 级绿色食品生产资料肥料类产品不能满足需要的情况下，允许使用商品肥料。

② A 级绿色食品生产允许使用的肥料种类

AA 级绿色食品生产允许使用所有的肥料；A 级绿色食品生产允许使用的肥料种类产品；在 AA 级和 A 级绿色食品生产允许使用的肥料种类产品不能满足 A 级绿色食品生产需要的情况下，允许使用掺合肥。

生产绿色食品的农家肥料无论采用何种原料（包括人畜禽粪尿、秸秆、杂草、泥炭等）制作堆肥，必须高温发酵，以杀灭各种寄生虫卵和病原菌、杂草种子，使之达到无害化卫生标准要求。

农家肥料原则上就地生产就地使用，外来农家肥料应确认符合要求后才能使用，商品肥料及新型肥料必须通过国家有关部门的登记认证及生产许可，质量指标达到国家有关标准的要求。

因施肥造成土壤污染、水源污染，或影响农作物生长、农产品达不到卫生标准时，要停止施用该肥料，并向专门管理机构报告。用其生产的食品也不能继续使用绿色食品标志。

（二）绿色食品种植规程编制与产地环境质量评价

1. 种植技术规程的编制

种植技术规程是绿色食品申报中审查的核心部分，规程中反映了农作物种植过程中农药、肥料的使用情况，往往结合"农药及肥料的使用情况"进行综合审查。编制绿色食品种植规程的几点要求：

①应根据申报产品或产品原料的特点，因地制宜编制具有科学性和可操作性的种植技术规程。

②规程的编制应体现绿色食品生产的特点。病虫草害的防治应以生物、物理、机械防治为主，施肥应以有机肥为基础，以维持或增强土壤肥力为核心。

③规程编制的内容应包括：当地条件（环境质量、肥力水平等）、品种与茬口、育苗与移栽、种植密度、田间管理（包括肥、水等）、病虫草鼠害的防治、收获等。

④对病虫草鼠害的防治，应根据近三年的植保概况制定较全面的防治措施，"农药及肥料的使用情况"的内容在规程中应全部体现。

⑤规程中农药的使用应包括农药名称、剂型规格、使用目的、使用方法、全年使用次数、安全间隔期等内容。

⑥正式打印文本，并加盖种植单位或技术推广单位公章。

2. 产地环境质量评价

产地环境质量是影响绿色食品产品质量最重要的因素之一。判断环境质量的好坏，必须按有关规定选取具有代表实际环境质量状况的各种数据，即各种污染因素在一定范围内的时空分布。环境监测是用科学方法监测和检测代表环境质量及发展变化趋势的各种数据的全过程。环境监测及环境质量评价是绿色食品申报材料的重要组成部分。

（1）申报产品产地环境监测

产地是指申报产品或产品主原料的生长地。申报产品产地环境监测主要监测申报产品或产品主原料产地土壤、大气和水三个环境因素。监测工作由省绿色食品管理机构委托指定的环境监测机构（必须是在中国绿色食品发展中心备案的）承担。监测费用由环境监测单位收取。

（2）有关绿色食品产地环境监测的几点规定

①监测时间

绿色食品产地环境监测时间要求安排在生物生长期内。

②布点数

布点数原则上按《绿色食品产地环境质量现状评价纲要》的有关规定执行强调现场调查研究（必须出具环境监测单位的调查研究报告），坚持优化布点。

③特殊产品检测

依据产品生产工艺特点，某些环境因素如土壤、大气、水可以不进行监测，但须事先报中国绿色食品发展中心正式文字批准。根据几年来的监测实践经验及产品的特点，对以下几种产品的环境监测做如下规定：矿泉水环境监测只要求对水源进行水质监测，土壤、大气可不必监测；深海产品只要求对加工水进行监测；野生产品的环境监测可以适当减少布点；深山野生产品及深山蜂产品，水质及大气不要求监测；蘑菇等特殊产品监测要依据具体原料来源情况，经监测单位与中国绿色食品发展中心商量后确定。

④续报产品环境监测

在第一个使用周期有效期满前提出续报的产品，如申报规模没变，可以不做环境监测。该产品在第二个使用周期满前仍继续申报时，须做环境监测，但经监测单位和省绿色食品办公室考察后，如果没有新的污染源，可以适当减少布点。自第三个使用周期起，环境监测的有效期为6年。

⑤仲裁

如果企业在申报时，认为监测单位出具的监测结果有疑问，经企业与监测单位协商后，可以请求中国绿色食品发展中心进行仲裁。

⑥任务书

各省、自治区市绿色食品办公室要对所辖行政区域内申报产品的环境监测实行统一编号，对监测单位下发委托任务书。监测单位只有接到当地省绿色食品办公室的委托任务书后，才能进行环境监测。环境质量现状评价报告中要求附报绿色食品办公室委托任务书的复印件。

⑦出具报告时间

监测单位自接到省绿色食品办公室的委托任务书后，须于45天内出具环境监测及环境质量现状评价报告。

（三）绿色食品的包装、标签与储运

I. 绿色食品的包装

（1）绿色食品包装的概念

食品包装是指为了在食品流通过程中保护产品、方便储运、促进销售，按一定技术而

采用的容器、材料及辅助物的总称，也指为了在达到上述目的而采用容器、材料和辅助物的过程中施加一定的技术方法等的操作活动。

绿色食品包装应在符合食品包装的基础之上，还具有安全性、可降解性和可重复利用性。它与传统的包装主要区别在于保持食品最好的原有质量、感官、风味的同时，最大限度防止污染，降低对环境的二次污染。

（2）食品包装的功能及基本要求

①功能

保护食品：保护食品是包装最重要的功能，食品包装必须防机械损伤、防潮、防污染、防微生物作用，有些食品还须防冷、防热、避光等。

提供方便：食品包装是标准化、商品化的重要措施，它为食品的装卸、运输、储藏、识别、零售和消费提供方便。

促进销售：通过食品包装装潢艺术，吸引、刺激消费者的消费心理，从而达到宣传、介绍和推销食品的目的。

②基本要求

较长的保质期（货架寿命）；不带来二次污染；减少损失原有的营养及风味；包装成本要低；储藏运输方便、安全；增加美感，引起食欲。

（3）绿色食品的包装要求

①绿色食品的包装容器要求

保护功能：在装饰、运输、堆码中有较好的机械强度，防止食品受挤压碰撞而影响品质。

良好的通透性能：利于鲜活产品如水果等呼吸放出的热量及氧、二氧化碳、乙烯等气体的交换。

防潮性能：避免由于容器的吸水变形而导致内部产品腐烂。清洁、卫生、无污染、无异味、无有害化学物质。

②绿色食品包装材料的要求

包装材料从原料、产品制造、使用、回收和废弃的整个过程都应符合环境保护的要求，它包括节省资源、能量，减少、避免废弃物产生，易回收利用，再循环利用，可降解等具体要求和内容。做到"3R"〔Reduce（减量化）、Reuse（重复使用）、Recycle（再循环）〕和"1D"〔Degradable（再降解）〕原则。

安全性即包装材料本身无毒，不会释放有毒物质，污染食品，影响人的身体健康。

可降解性即食品在消费完以后，剩余包装可降解，不对人的健康产生有害影响和对环境造成污染。

可重复利用性即要求绿色食品产品在消费完以后，剩余包装材料可重复利用，既节约了资源，又可减少垃圾的产生，减轻对环境的污染，符合可持续发展原则。

绿色食品在选择包装材料方面，还要求根据产品特点，选择相应的包装材料。

③绿色食品包装

在选择了合适的包装材料后，绿色食品在包装过程中也不能对产品引入污染及对环境造成污染，这就要求包装环境条件良好，卫生安全；包装设备性能安全良好，不会对产品质量有影响；包装过程不对人员身体健康有害，不对环境造成污染。

④包装的种类和规格

食品的包装一般可分为外包装和内包装。

外包装材料现在已多样化，如高密度聚乙烯、聚苯乙烯、纸箱、木板条等都可以用于外包装。包装容器的长宽尺寸在国家有关标准（如 GB 4892-2008《硬质直立体运输包装尺寸系列》)中可以查阅，高度可根据产品特点自行确定；具体形状则以利于销售、运输、堆码为标准。

各种外包装材料各有优缺点：塑料箱轻便防潮、一致，但容易刺伤产品；木箱大小规格便于一致，但易使产品碰伤、擦伤等；纸箱是应用最广的一种，它重量轻，外观美观，便于宣传与竞争，通过上蜡，可提高其防水防潮性能，受潮、受湿后仍具有很好的强度而不变形。目前的纸箱几乎都是瓦楞纸制成。瓦楞纸板是在波形纸板的一侧或两侧，用黏合剂黏合平板纸而成，由于平板纸与瓦楞纸芯的组合不同，可形成多种纸板，常用的有单面、双面及双层瓦楞纸板三种。单层纸板多用作箱内的缓冲材料，双面及双层瓦楞纸板是制造纸箱的主要纸板。纸箱的形式和规格可多种多样，一般呈长方形，大小按产品要求的容量、堆垛方式及箱子的抗力而定。经营者可根据自身产品的特点及经济状况进行合理的选择。

在良好的外包装情况下，内包装可进一步防止产品受震荡、碰撞、摩擦而引起的机械伤害。可以通过在底部加衬垫、浅盘杯、薄垫片或改进包装材料，减少堆叠层数来解决。除防震作用外，内包装还具有一定的防失水、调节小范围气体成分浓度的作用。

聚乙烯包裹或聚苯乙烯薄膜袋的内包装材料，可以有效地减少水分和气体交换，缺点是不易回收，难以重新利用，导致环境污染。绿色食品包装要求用纸包装取代塑料薄膜袋的包装。

2. 绿色食品包装的标签

（1）食品标签的作用

①引导、指导消费者选购食品

消费者可以通过食品标签上的文字、图形、符号等了解食品的本质，如含有什么营养成分、含量是多少、厂家、保质期及质量等级等，从而决定是否购买。

②保护消费者的利益和健康

食品的质量和安全性关系到每一个消费者的利益，而产品的质量和安全能在食品标签上展现出来。当消费者食用后出现问题，可根据食品标签，找到相应的责任人，便于投诉，维护合法权益。

③维护食品制造者的合法权益

经销者或消费者如未按标签上的标明条件或期限进行储藏、销售和食用，导致意外发生，制造者不承担责任。因此，食品标签是维护食品制造者合法权益的一种方式。

④促进销售

食品标签犹如一个广告宣传栏，能够展示产品的特性和优越性，宣传产品的独特风格，吸引消费者购买。

（2）绿色食品标签标准

①食品标签

食品标签上必须标注以下内容：食品名称；配料表；净含量及固形物含量；制造者、经营者的名称和地址；日期标志（生产日期、保质期或保存期）和储藏指南；产品类型；产品（品质）等级；产品标准号；特殊标注内容。

②绿色食品标签标准

绿色食品包装，除食品包装基本要求外，在包装装潢上应符合《绿色食品标志设计标准手册》的要求。已获得绿色食品标志使用权的单位，必须将绿色食品标志用于产品的内外包装，其中绿色食品标志的图形、文字、标准色、广告用语及编号等必须按照规定严格执行。

③绿色食品防伪标签标准

绿色食品防伪标签对绿色食品具有保护和监控作用。防伪标签具有技术上的先进性、使用的专用性、价格的合理性，标签类型多样，可以满足不同的产品包装。防伪标签的标准规定如下：许可使用绿色食品标签的产品必须加贴绿色食品标志防伪标签；绿色食品标志防伪标签只能使用在同一编号的绿色食品产品上。非绿色食品或与绿色食品防伪标签编号不一致的绿色食品产品不得使用该标签；绿色食品标志防伪标签应贴于食品标签或其包装正面的显著位置，不得掩盖原有绿标、编号等绿色食品的整体形象；企业同一种产品贴用防伪标签的位置及外包装箱封箱用的大型标签的位置应固定，不得随意变化。

3. 绿色食品的贮藏储输

（1）绿色食品储藏

①绿色食品储藏应遵循的原则

绿色食品的储藏应在防止物理、化学和微生物污染的条件下进行，并要防止产品及容器变质，以及储存产品时应避免损坏包装而对包装内容物造成不良影响。绿色食品在储藏时必须遵循以下原则：储藏环境必须洁净卫生，不能对绿色食品产生污染；针对产品储藏特性，选择适当的储藏方法；在储藏中，绿色食品不能与非绿色食品混堆储存；A 级绿色食品与 AA 级绿色食品必须分开储藏；加强储存食品的出入库管理，采用"先进先出"的原则，尽量缩短储存期；建立严格的管理规章制度，对入库食品要认真验收，定期检查，发现问题及时处理。

②绿色食品储藏技术规范

仓库要求：应做好防霉、防虫、防鼠工作，严禁使用人工合成的杀虫剂；仓库要建立清洁卫生制度，定期进行清扫；周围环境必须清洁卫生，并远离污染源；对冷库要定期除霜，常保持冷凝管上不积霜；成品仓库不允许存放有毒的、危险的或易燃和有腐蚀性的材料；仓库内应有可定期检查记录的湿度计和温度计；仓库管理必须采用物理与机械的方法和措施，绿色食品的储藏必须采用干燥、低温、密封与通风、低氧（充二氧化碳或氮气）、紫外光消毒等物理或机械方法，禁止使用任何人工合成化学物品以及有潜在危害的物品。

禁止使用会对绿色食品产生污染或潜在污染的建筑材料与物品。严禁食品与化学合成物质接触。

食品入库前应进行必要的检查，严禁与受到污染、变质以及标签、账号与货号不一致的食品混存。

食品按照入库先后、生产日期、批号分别存放，禁止不同生产日期的产品混放。绿色食品与普通食品应分开储藏。

管理和工作人员必须遵守卫生操作规定。所有设备在工作和使用前均要进行灭菌。食品储藏期限不能超过保质期，包装上应有明确的生产、储藏日期。储藏仓库必须与相应的装卸、搬运等设施相配套，防止产品在装卸、搬运等过程中受到损坏与污染。绿色食品在入仓堆放时，必须留出一定的墙距、柱距、货距与顶距，不允许直接放在地面上，保证储藏的货物之间有足够的通风。禁止不同种类绿色产品混放。建立严格的仓库管理记录档案，详细记载进、出库食品的种类、数量和时间。根据不同食品的储藏要求，做好仓库温度、湿度和管理，采取通风、密封、吸潮、降温等措施，并经常检查食品温、湿度、水分以及虫害发生情况。

③绿色食品常用储存技术

绿色食品的储藏应尽可能地保存食品的天然营养特性。通过采取一系列特殊工艺，防止或尽量减少储藏期营养物质的流失、氧化和降解，最大限度地保留其营养价值。在储藏期内，要通过科学的管理，严格控制可能的污染源，不带来二次污染，降低损耗，节省费用，促进食品流通，以满足人们对绿色食品的需求。目前常用的储藏技术主要有以下几种。

低温储藏冷藏：温度一般控制在 $0 \sim 10℃$，多用于水果、蔬菜的保鲜储藏。冷冻储藏：先将食品于冰点以下的低温条件下冻结（一般控制在 $-30 \sim -18℃$），然后再于 $-18℃$ 以下进行冷冻储藏，常用于肉类、鱼类、冷饮的冷冻保藏以及果蔬速冻品的加工及储藏。微冻储藏：将食品于 $-3 \sim -2℃$ 处于微冻状态，多用于食品的短期储藏或运输中的冷藏，如菠菜、芹菜的冻藏以及肉类、鱼类等的短途运输等。

气调储藏是一种通过调节和控制储藏环境中气体成分的储藏方法。其基本原理是在适宜的低温下，改变储藏库或包装中正常空气的组成，降低氧气含量，增加二氧化碳的含量，以减弱鲜活食品的呼吸强度，抑制微生物的生长繁殖和食品中的化学成分的变化，从而达到延长储藏期和提高储藏效果的目的。气调储藏除了用于果蔬的储藏外，而且也开始用于粮食、油料、肉类制品、鱼类和鲜蛋等多种食品的储藏。

食品化学储藏是指在生产和储运过程中，添加某种对人体无害的化学物质，增强食品的储藏性能和保持食品品质的方法。按化学储藏剂的储藏原理不同，可分为三类：防腐剂、杀菌剂、抗氧化剂。食品化学储藏的卫生安全是人们最为关注的问题，因此生产和选用化学储藏剂时，必须符合绿色食品产品添加剂使用标准的要求。

干燥储藏食品经干燥脱水后，不易腐败变质，延长了储藏期，而且由于体积与重量显著减小，而便于运输。

食品的腌渍储藏主要是利用食盐或食糖溶液产生的高渗透压和低水分活度，或通过微生物的正常发酵，降低环境的 pH 值，以抑制有害微生物的活动，增进储藏性能。

烟熏储藏是在腌制的基础上，利用木料不完全燃烧时所产生的烟气熏制食品的方法，在获得食品的特殊风味的同时，延长产品的储藏寿命。

罐藏是将食品密封于包装容器内，经排气、密封、杀菌后，杀死食品中的致病菌及大部分微生物，破坏酶的活性，以使食品得以长期储藏，主要用于罐头类食品。

涂料处理储藏是目前应用广泛的一项储藏技术。通过涂料处理，在一定时期内不但可以减少食品的水分损失，保持新鲜度，而且可以增加光泽，改善外观品质，提高产品的商品价值。

（2）绿色食品运输

①绿色食品运输原则

绿色食品运输除符合国家对食品运输的要求外，还要遵循以下原则：防止绿色食品在运输过程中污染；运输绿色食品的工具应保持清洁卫生，直接入口的绿色食品应用专用容器加盖运输，以防尘、防蝇；应尽量利用冷藏车和集装箱运输，做到专车专用；不要将生熟绿色食品、易吸收气味的绿色食品与有特殊气味的绿色食品同车装运；不能将农药、化肥等物质与绿色食品同车装运，也不能使用装过农药、化肥等有毒物品的运输工具装运绿色食品；绿色食品与非绿色食品不能混堆一起运输；绿色食品 A 级的和 AA 级产品不能混堆一起。

②绿色食品的运输要求

必须根据绿色食品的类型、特性、运输季节、距离以及产品保质储藏的要求选择不同的运输工具。用来运输食品的工具，包括车辆、轮船、飞机等，在装入绿色食品之前必须清洗干净，必要时进行灭菌消毒，必须用无污染的材料装运绿色食品。装运前必须进行食品质量检验，在食品、标签与账单三者相符合的情况下才能装运。装运过程中所有的工具应清洁卫生，不允许含有化学物品。禁止带入有污染或潜在污染的化学物品。运输包装必须符合绿色食品的包装规定，在运输包装的两端，应有明确的运输标志。内容包括始发站、到达站（港）名称、品名、数量、重量、收（发）货单位名称及绿色食品的标志。不同种类的绿色食品运输时必须严格分开，不允许性质相反和互相串味的食品混装。填写绿色食品运输单据时，要做到字迹清楚、内容准确、项目齐全。绿色食品装车(船、箱)前，应认真检查车（船、箱）体情况。对不清洁、不安全、装过化学品、危险品或者未按规定提供的车（船、箱），应及时提交有关部门处理，直到符合要求后才能使用。绿色食品的运输车辆应该做到专车专用。尤其是长途运输的粮食、蔬菜和鱼类必须有严格的管理措施。在无专车的情况下，必须采用密闭的包装容器。容易腐败的食品如肉、鱼必须用密封冷藏车装运。运输活的绿色禽、畜和肉制品的车辆，应与其他车辆分开。绿色乳制品应在低温下或冷藏条件下运输，严禁与任何化学或其他有害、有毒、有气味的物品混装运输。

（四）绿色食品的加工

1. 绿色食品加工的基本原则

绿色食品的加工不同于普通食品的加工，要求安全、优质、营养和无污染，因此对原料和生产过程的要求控制得更加严格，不仅考虑到产品本身，还应在绿色食品加工时尽量节约能源，兼顾对环境的影响，即将加工过程对环境造成的影响降到最低限度。在绿色食品加工中应遵循以下原则：

（1）可持续发展原则

在全球范围内，生态环境退化、食物和能源短缺是整个人类目前所面临的共同问题。为了给子孙后代留下一个可持续发展的地球，必须实施可持续发展战略。以食物物资为原料进行的绿色食品加工，必须坚持可持续发展的原则，节约能源，综合利用原料。

（2）保持食品的天然营养特性的原则

绿色食品加工应最大限度地保持原料的营养成分，使营养物质的损失达到最小限度。应采取系列特殊加工工艺，防止或尽量减少加工中营养物质的流失。

（3）加工过程无污染原则

食品加工过程中，原料的污染、不良的卫生状况、有害的洗涤液、添加剂的使用、机械设备材料污染、生产人员操作不当都有可能造成最终产品的污染。因此，对于加工的每一环节、步骤都必须严格控制，防止加工中的二次污染。

（4）不对环境造成污染与危害的原则

绿色食品企业不仅要注意自身的洁净，还须考虑对环境的影响，应避免对环境造成污染。加工后生产的废水、废气、废渣等都需要进行无害处理，以免对环境产生污染。

2. 绿色食品生产加工规程的编写

（1）绿色食品生产操作规程的编写

绿色食品加工生产操作规程主要包括以下内容：①加工区环境卫生必须达到绿色食品生产要求；②加工用水必须符合绿色食品加工用水标准；③加工原料主要来源于绿色食品产地；④加工所用设备及产品包装材料的选用必须具备安全无污染的条件；⑤在食品加工过程中，食品添加剂的使用必须符合《生产绿色食品的食品添加剂使用准则》。

（2）绿色食品加工规程的编写

绿色食品加工操作规程应包括以下内容：①生产工艺流程；②对原、辅料的要求、来源，原辅料进厂验收标准（感官指标、理化指标），进厂后的储存及预处理等；③生产工艺应根据生产工艺流程将加工的每个环节用简要的文字表述出来，其中有关温度、浓度、杀菌的方法及添加剂的使用等应详细说明；④主要设备及清洗；⑤成品检验制度；⑥储藏（储藏的方法、地点等）。

3. 绿色食品加工的过程要求

（1）绿色食品加工原料

食品加工方法较多，其性质相差较大，不同的加工方法和制品对原料均有一定的要求，在加工工艺和设备条件一定的情况下，原料的好坏直接决定着制品的质量。食品加工对原料总的要求是要有合适的种类、品种，适当的成熟度和良好、新鲜完整的状态。

①绿色食品加工原料的特殊要求

绿色食品加工的原料应有明确的原产地、生产企业或经销商的情况。固定、良好的原料基地能为企业提供质量和数量有保证的加工原料。现在，有些食品加工企业投资建立自己的原料基地，有利于质量的控制和企业的发展。

绿色食品加工产品的主要原料要求应是已经认证的绿色产品。

水是食品加工中的重要原料和助剂，不必经认证，但加工用水必须符合我国饮用水卫生标准，同样需要检测，出具合法的检验报告。转基因生物来源的食品加工原料是严格禁止在绿色食品加工中使用的。

非主要原料若尚无已认证的产品，则可以使用中国绿色食品发展中心批准、有固定来源并已检验的原料。非农、牧业来源的辅料，如盐和其他调味品等，须严格管理，在符合国际标准（如世界卫生组织标准）和国家标准的条件下尽量减少用量。绿色食品严禁用辐射、微波等方法处理。

②绿色食品加工原料成分的标准及命名

目前，绿色食品标签标准对于产品的命名没有特殊规定，但必须标明原料各成分的确切含量，可按成分不同而采用以下的方法标注。

加工品（混合成分）中最高标准的成分占50%以上时，可命名为由不同标准认证的成分混合成的混合物。例如，命名为含A、B两级标准的混合成分，则只能含A、B两级标准的成分，且A级标准的成分要求必须占50%以上；含A、B、C级成分的混合物，必须含50%以上A级成分。含B、C级成分的化合物，必须含50%以上B级成分。

如果该化合物中最高成分含量不足50%，则该化合物不能称为混合成分，而要按含量高的低级标准成分命名。例如，含B、C级标准混合物，B级占40%，C级占60%，则该化合物被称为C级标准成分。

（2）绿色食品加工工艺

绿色食品加工工艺应采用食品加工的先进工艺，只有技术先进、工艺合理，才能最大限度地保留食品的自然属性及营养，并避免食品在加工中受到二次污染，但先进工艺必须符合绿色食品的加工原则。

①绿色食品加工工艺的特殊要求

根据绿色食品加工的原则，绿色食品加工工艺应采用先进的工艺，最大限度地保持食品的营养成分，加工过程不能造成再次污染，并不能对环境造成污染。绿色食品加工工艺和方法适当，以最大限度地保持食品原料的营养价值和色、香、味等品质。

绿色食品的加工，严禁使用辐射技术和石油馏出物。利用辐射的方法保藏食品原料和成品的杀菌，是目前食品生产中经常采用的方法。采用辐照处理块茎、鳞茎类蔬菜和马铃薯、洋葱、大蒜和生姜等对抑制储藏期发芽有效；辐射处理调味品，可杀菌并很好地保存其风味和品质。但由于国际上对于该方法还存在一定争议，在绿色食品的加工和储藏处理中不允许使用该技术，主要目的是为了消除人们对射线残留的担心。有机物质如香精的萃取，不能使用石油馏出物作为溶剂，这就需要选择良好的工艺，如超临界萃取技术，可解决有机溶剂的残留问题。用二氧化碳超临界萃取技术既可获得生产植物油，又可解决普通工艺中有机溶剂残存的问题。不许使用人工合成的食品添加剂，但可以使用天然的香料、防腐剂、抗氧化剂、发色剂等。

因此，绿色食品加工必须针对自身特点，采用适合的新技术、新工艺，提高绿色食品产品品质及加工率。

②绿色食品加工工艺中可采用的先进技术

生物技术：主要包括基因工程、酶工程和发酵工程。因绿色食品对基因工程是采取摒弃的态度，不能采用，故只对酶工程及发酵工程做简要介绍。酶工程是利用生物手段合成，降解或转化某些物质，从而使原料转化成附加值高的食品（如酶法生产糊精、麦芽糖等）；或者用酶法修饰植物蛋白，改良其营养价值和风味，还可用于果汁生产中分解果胶提高出汁率等。发酵工程是利用微生物进行工业生产的技术，除传统食品外，还取得了许多新成就。

膜分离技术：包括反渗透、超滤和电渗析。反渗透是借助半渗透膜，在压力作用下进行水和溶于水中物质（无机盐、胶体物质）的分隔。可用于牛奶、豆浆、酱油、果蔬汁的冷浓缩；超滤是利用人工合成膜在一定压力下对物质进行分离的一种技术。

工程食品技术：即用现代技术，从农副产品中提取有效成分，然后以此为配料，根据人体营养需要重新组合，加工配制成新的食品，其特点是可以扩大食物资源，提高营养价值。

冷冻干燥（又称冷冻或升华干燥）：即湿物料先冻结至冰点以下，使水分变成固态冰，然后在较高的真空度上，将冰直接转化为蒸汽使物料得到干燥。如加工得当，多数可长期保藏且原有物理、化学、生物学等感官性质不变，需要时加水，可恢复到原有的形状和结构。

超临界提取技术：即利用某些溶剂的临界温度和临界压力去分离多组分的混合物。例如二氧化碳超临界萃取沙棘油，其工艺过程无任何有害物质加入，完全符合绿色食品加工原则。

此外，挤压膨化、无菌包装、低温浓缩等技术也都可以应用到绿色食品生产中。

4. 绿色食品加工的环境要求

绿色食品加工的环境条件是绿色食品产品质量的有力保障，特别是企业良好的位置和合理的布局构成绿色食品加工环境条件的基础。

（1）绿色食品企业厂（场）址的选择

①基本要求

绿色食品企业在新建、扩建、改建过程中，食品厂的选址应满足食品生产的基本要求。

地势高燥：为防止地下水对建筑物墙基的浸泡和便于废水排放，厂址应选择地势较高并有一定坡度的地区。

水源丰富，水质良好：食品加工需要大量的生产用水，建厂时应该考虑供水方便和充足的地方。使用自备水源的企业，须对地下丰水期和枯水期的水质、水量经过全面的检验分析，证明能满足需要后才能定址。另外，用于绿色食品生产的容器、设备的洗涤用水也必须符合国家饮用水标准。

土质良好，便于绿化：良好的土质适于植物的生长，也便于绿化。绿化树木和花草不仅可以美化环境，而且可以吸收灰尘、减少噪声、分解污染物，形成防止污染的良好屏障。

交通便利：绿色食品加工企业应选择在交通方便但与公路有一定距离的地方，以便食品原辅材料和产品的运输。

②环境要求

绿色食品企业在厂址选择时，除了基本要求外，还要考虑周围环境对企业的影响和企业对周边环境的影响。

远离污染源：一般情况下，绿色食品企业选址时，应远离重工业区。如果必须在重工业区选址时，要根据污染范围设 500 ~ 1000m 防护林带。在居民区选址时，25m 以内不得有排放尘、毒作业场所及暴露的垃圾堆、坑或露天厕所，500m 以内不得有粪场和传染病医院。为了减少污染的可能，厂址还应根据常年主导风向，选在污染源的上风向。

防止企业对环境的污染：某些食品企业生产过程中排放的污水、污物、污气等会污染环境，因此要求这些企业不仅设立"三废"净化处理装置，在工厂选址时，还应远离居民区。间隔的距离可根据企业的性质、规模大小，按工业企业设计卫生标准的规定执行，最好在 1km 以上，其位置还应在居民区主导风向的下风向和饮用水水源的下游。

（2）绿色食品企业的建筑设计与卫生条件

①建筑布局

根据原料和工艺的不同，食品加工厂一般设有原料预处理、加工、包装、储藏等场所，以及配套的锅炉房、化验室、容器、清洗室、消毒室、辅助用房和生活用房等。各部分的建筑设计要有连续性，避免原料、半成品、成品和污染物交叉感染。锅炉房应建在生产车间的下风向，厕所应为便冲式并远离生产车间。

②卫生设施

绿色食品工厂必须具备一定的卫生设施，以保证生产达到食品清洁卫生，无交叉污染。加工车间必须具备以下卫生设备。

通风换气设备：为保证足够的通风量，驱除蒸汽、油烟和二氧化碳等气体，通入新鲜洁净的空气，工厂一般设置自然通风口或安装机械通风设备。

照明设备：利用自然光照明要求窗户采光好，适宜的门窗与地面的面积比例为1∶5。人工照明一般要求达50lx的亮度，而检查操作台等位置要求达到300lx，照明灯泡或灯管要求防护罩，以防玻璃破碎进入食品。

防尘、防蝇、防鼠设备：食品车间需要安装纱门、纱窗、货物频繁出入口可安装排风幕或防蝇道，车间外可设诱蝇灯，车间内外墙角处可设捕鼠器，产品原料和成品要有一定的包装，减少裸露时间。

卫生缓冲车间：根据企业卫生要求，工人在上班以前在生产卫生室内完成个人卫生处理后再进入车间。卫生缓冲间是工人从车间外进入车间的通道，工人可以在此完成个人卫生处理。卫生缓冲车间内设有更衣室和厕所。工人穿戴鞋、帽、工作服和口罩等后，先进入洗手消毒室洗手消毒，在某些食品如冷饮、罐头、乳制品等加工车间入口处设置低于地面10cm、宽1m、长2m的鞋消毒池。

工具、器具清洗消毒车间：工具、容器等的消毒是保证食品卫生的重要环节。消毒车间要有浸泡、刷剔、冲洗、消毒等处理的设备，消毒后的工具、容器要有足够的储藏室，严禁露天存放。

③地面、墙面处理

地面应由耐水、耐热、耐腐蚀的材料铺设而成，地面还应有一定的坡度以便排水，地面有地漏和排水管道。

墙壁表面要涂被一层光滑、色浅、抗腐蚀的防水材料，离地面2m以下的部分要铺设白瓷砖或其他材料作为墙裙，生产车间四壁与屋顶交界处应呈弧形以防结垢和便于清洗。

④污水、垃圾和废弃物排放处理

绿色食品加工厂在设计时更要求加强废弃物的处理能力，防止对工厂和周围环境的污染。

5. 绿色食品加工的设备要求

生产高质量的食品必须抓住原料、工艺、设备和包装四个环节。科学的加工工艺必须由相应的设备来体现。因此机械设备在食品加工中占有十分重要的地位。

（1）材料要求

不同食品加工对设备的要求不同，对机械设备材料的构成不能一概而论。不锈钢、尼龙、玻璃、食品加工专用塑料等材料制成的设备都可用于绿色食品的加工中。但是从严格意义上讲，与食品接触的机械部分一般要求采用不锈钢材料，并遵照执行不锈钢食具食品卫生标准与管理办法。

在常温常压、pH值中性条件下使用的器皿、管道、阀门等，可采用玻璃、铝制品、聚乙烯或其他无毒的塑料制品代替。

食品加工器具中，表面镀锡的铁管、挂釉陶瓷器皿、搪瓷器皿、镀锡铜锅及焊锡焊接的薄铁皮盘等，都容易导致铅的溶出，特别是接触酸性的食品原料和添加剂时，溶出更

多。所以要避免和减少上述器具的使用。

另外，电镀制品含有镉和砷，陶瓷制品中也含有砷，酸性条件镉和砷都容易溶出；食盐对铝制品有强烈的腐蚀作用，都应严加防范。

（2）设备润滑剂

绿色食品加工设备的轴承、枢纽部分所用的润滑剂部位应进行全封闭，润滑剂应尽量使用食用油，严禁使用多氯联苯。

（3）设备布局与安装

食品机械设备布局要合理，符合工艺流程要求，便于操作，防止交叉污染。设备管道应设有观察口，并便于拆卸检修，管道拐弯处应呈弧形以利于冲洗消毒。设备要求有一定的生产效率，以有利于连续作业、降低劳动强度、保证食品卫生要求和加工工艺要求。

三、绿色食品的申报程序与认证

（一）申报绿色食品认证的前提条件

1. 绿色食品标志申报范围

绿色食品标志是经中国绿色食品发展中心在国家知识产权局商标局注册的质量证明商标，按国家商标类别划分的第29、30、31、32、33类中的大多数产品均可申报绿色食品标志，如第29类的肉、家禽、水产品、奶及奶制品、食用油脂等，第30类的食盐、酱油、醋、米、面粉及其他谷物类制品、豆制品、调味用香料等，第31类的新鲜蔬菜、水果、干果、种子、活生物等，第32类的啤酒、矿泉水、水果饮料及果汁、固体饮料等，第33类的含酒精饮料。

新近开发的一些新产品，只要经卫健委以"食"或"健"字登记的，均可申报绿色食品标志。经卫生部公告的既是食品又是药品的品种，如紫苏、菊花、陈皮、红花等，也可申报绿色食品标志。药品、香烟不可申报绿色食品标志。

按照绿色食品标准，暂不受理蕨菜、方便面、火腿肠、叶菜类酱菜的申报。但酱菜类成品符合下述条件的可以受理申报 A 级绿色食品：①原料为非叶菜类蔬菜产品；②原料蔬菜收获后必须及时加工，在常温条件下储藏运输时间不超过 48h，在冷藏条件下储藏运输时间不超过 96h；③不得在酱腌菜中使用化学合成添加剂；④生产企业必须执行 GMP 规定；⑤酱腌菜成品的亚硝酸盐含量必须 < 4mg/kg。

2. 申报绿色食品企业的条件

凡具有绿色食品生产条件的单位和个人均可作为绿色食品标志使用权的申请人。为了进一步规范管理，对标志申请人条件具体做了如下规定：①申请人必须能控制产品生产过程，落实绿色食品生产操作规程，确保产品质量符合绿色食品标准要求；②申报企业要具有一定规模，能承担绿色食品标志使用费；③乡、镇以下从事生产管理、服务的企业作为申请人，必须有生产基地，并直接组织生产；乡、镇以上的经营、服务企业必须要有隶属于本企业稳定的生产基地；④申报加工产品企业的须生产经营一年以上。

申请在产品上使用绿色食品标志的程序是：第一、申请人填写《绿色食品标志使用申请书》一式两份（含附报材料），报所在省（自治区、直辖市、计划单列市，下同）绿色食品管理部门；第二，省绿色食品管理部门委托通过省级以上计量认证的环境保护监测机构，对该项产品或产品原料的产地进行环境评价；第三，省绿色食品管理部门对申请材料进行初审，并将初审合格的材料报中国绿色食品发展中心；第四，中国绿色食品发展中心会同权威的环境保护机构，对上述材料进行审核，合格的由中国绿色食品发展中心指定的食品监测机构对其申报产品进行抽样并依据绿色食品质量和卫生标准进行检测，对不合格的，当年不再受理其申请；第五，中国绿色食品发展中心对质量和卫生检测合格的产品进行综合审查（含实地核查），并与符合条件的申请人签订"绿色食品标志使用协议"，由农业农村部颁发绿色食品标志使用证书及编号，报国家知识产权局商标局备案，同时公告于众，对卫生检测不合格的产品，当年不再受理其申请。

中国绿色食品发展中心对企业的申报材料进行审核，如材料合格，将书面通知省绿色食品管理机构并委托对申报产品进行抽样。省绿色食品管理机构接到中心的委托抽样单后，将委派2名或2名以上绿色食品标志专职管理员赴申报企业进行抽样，并将抽样品送绿色食品定点食品监测中心。依据技术监测报告，得出终审结果。终审合格后，中国绿色食品发展中心将书面通知申报企业前往中国绿色食品发展中心办理领证手续，并交纳标志服务费，原则上每个产品1万元（系列产品优惠）。

绿色食品标志管理人员对所辖区域内绿色食品生产企业每年至少进行一次监督检查，将企业种植、养殖、加工等规程执行情况向中心汇报。

中国绿色食品发展中心每年年初下达抽检任务，指定定点的食品监测机构、环境监测机构对企业使用标志的产品及其原料产地生态环境质量进行抽检，抽检不合格者取消其标志使用权，并公告于众。所有消费者对绿色食品都有监督的权利。消费者有权了解市场中绿色食品的真假，对有质量问题的产品可直接向中心举报。

（二）绿色食品认证程序

为规范绿色食品认证工作，依据《绿色食品标志管理办法》，制定本程序。凡具有绿色食品生产条件的国内企业均可按本程序申请绿色食品认证。境外企业另行规定。

1.认证申请

申请人向中国绿色食品发展中心（以下简称中心）及其所在省（自治区、直辖市）绿色食品办公室、绿色食品发展中心（以下简称省绿办）领取《绿色食品标志使用申请书》《企业及生产情况调查表》及有关资料，或从中心网站（网址：www.greenfood.org.cn）下载。

申请人填写并向所在省绿办递交《绿色食品标志使用申请书》《企业及生产情况调查

表》及以下材料：保证执行绿色食品标准和规范的声明；生产操作规程（种植规程、养殖规程、加工规程）；公司对"基地＋农户"的质量控制体系（包括合同、基地图、基地和农户清单、管理制度）；产品执行标准；产品注册商标文本（复印件）；企业营业执照（复印件）；企业质量管理手册；要求提供的其他材料（通过体系认证的，附证书复印件）。

2. 受理及文审

省绿办收到上述申请材料后，进行登记、编号，5个工作日内完成对申请认证材料的审查工作，并向申请人发出《文审意见通知单》，同时抄送中心认证处。

申请认证材料不齐全的，要求申请人收到《文审意见通知单》后10个工作日提交补充材料。

申请认证材料不合格的，通知申请人本生长周期不再受理其申请。

3. 现场检查、产品抽样

省绿办应在《文审意见通知单》中明确现场检查计划，并在计划得到申请人确认后委派名以上检查员进行现场检查。

检查员根据《绿色食品检查员工作手册（试行）》和《绿色食品产地环境质量现状调查技术规范（试行）》中规定的有关项目进行逐项检查。每位检查员单独填写现场检查表和检查意见。现场检查和环境质量现状调查工作在5个工作日内完成，完成后5个工作日内向省绿办递交现场检查评估报告和环境质量现状调查报告及有关调查资料。

现场检查合格，可以安排产品抽样。凡申请人提供了近一年内绿色食品定点产品监测机构出具的产品质量检测报告，并经检查员确认，符合绿色食品产品检测项目和质量要求的，免产品抽样检测。

现场检查合格，需要抽样检测的产品安排产品抽样。

当时可以抽到适抽产品的，检查员依据《绿色食品产品抽样技术规范》进行产品抽样，并填写《绿色食品产品抽样单》，同时将抽样单抄送中心认证处。特殊产品（如动物性产品等）另行规定。

当时无适抽产品的，检查员与申请人当场确定抽样计划，同时将抽样计划抄送中心认证处。

申请人将样品、产品执行标准、《绿色食品产品抽样单》和检测费寄送绿色食品定点产品监测机构。现场检查不合格，不安排产品抽样。

4. 环境监测

绿色食品产地环境质量现状调查由检查员在现场检查时同步完成。

经调查确认，产地环境质量符合《绿色食品产地环境质量现状调查技术规范》规定的免测条件，免做环境监测。

根据《绿色食品产地环境质量现状调查技术规范》的有关规定，经调查确认，有必要进行环境监测的，省绿办自收到调查报告 2 个工作日内以书面形式通知绿色食品定点环境监测机构进行环境监测，同时将通知单抄送中心认证处。

定点环境监测机构收到通知单后，40 个工作日内出具环境监测报告，连同填写的《绿色食品环境监测情况表》，直接报送中心认证处，同时抄送省绿办。

5. 产品检测

绿色食品定点产品监测机构自收到样品、产品执行标准、《绿色食品产品抽样单》、检测费后，20 个工作日内完成检测工作，出具产品检测报告，连同填写的《绿色食品产品检测情况表》，报送中心认证处，同时抄送省绿办。

6. 认证审核

省绿办收到检查员现场检查评估报告和环境质量现状调查报告后，三个工作日内签署审查意见，并将认证申请材料、检查员现场检查评估报告、环境质量现状调查报告及《省绿办绿色食品认证情况表》等材料报送中心认证处。

中心认证处收到省绿办报送材料、环境监测报告、产品检测报告及申请人直接寄送的《申请绿色食品认证基本情况调查表》后，进行登记、编号，在确认收到最后一份材料后 2 个工作日内下发受理通知书，书面通知申请人，并抄送省绿办。

中心认证处组织审查人员及有关专家对上述材料进行审核，20 个工作日内做出审核结论。

审核结论为"有疑问，须现场检查"的，中心认证处在 2 个工作日内完成现场检查计划，书面通知申请人，并抄送省绿办。得到申请人确认后，5 个工作日内派检查员再次进行现场检查。

审核结论为"材料不完整或需要补充说明"的，中心认证处向申请人发送《绿色食品认证审核通知单》，同时抄送省绿办。申请人须在 20 个工作日内将补充材料报送中心认证处，并抄送省绿办。

审核结论为"合格"或"不合格"的，中心认证处将认证材料、认证审核意见报送绿色食品评审委员会。

7. 认证评审

绿色食品评审委员会自收到认证材料、认证处审核意见后 10 个工作日内进行全面评审，并做出认证终审结论。认证终审结论分为两种情况：认证合格；认证不合格。结论为"认证合格"，执行第 8 条。结论为"认证不合格"，评审委员会秘书处在做出终审结论 2 个工作日内，将《认证结论通知单》发送申请人，并抄送省绿办。本生产周期内不再受理其申请。

8. 颁证

中心在 5 个工作日内将办证的有关文件寄送"认证合格"申请人，并抄送省绿办。申请人在 60 个工作日内与中心签订《绿色食品标志商标使用许可合同》。

（三）绿色食品质量检验、颁证与管理

中国绿色食品发展中心对申报材料进行审核，如材料合格，将书面通知省绿色食品管理机构委托对申报产品进行抽样。省绿色食品管理机构委托接到中心的抽样单后，将委派 2 名以上绿色食品标志专职管理人员赴申报企业进行抽样。抽样由抽样人员与被抽样单位当事人共同执行。抽取样品 4kg，并于样品包装物上贴好封条，由双方在抽样单上签字、加盖公章。抽样后，申报企业带上检测费、产品执行标准复印件、绿色食品抽样单、抽检样品送至绿色食品定点食品监测中心。绿色食品定点监测中心依据绿色食品产品标准检测申报产品。监测中心应于收到样品 3 周内出具检验报告，并将结果直接寄至中心标志管理处，不得直接交给企业。对于违反程序、无抽样单的产品，监测中心应不予检测；否则，检测结果一律视为无效。

1. 绿色食品证书的发放

终审合格后，中国绿色食品发展中心将书面通知申报企业前往中国绿色食品发展中心办理领证手续。3 个月内未前往中国绿色食品发展中心办理手续者，视为自动放弃。领取绿色食品标志使用证书时，须同时办理如下手续：①交纳标志服务费，原则上每个产品 1 万元（系列产品优惠）；②送审产品使用绿色食品标志的包装设计样图；③如不是法人代表本人来办理，须出示法人代表的委托书；④订制绿色食品标志防伪标签；⑤与中国绿色食品发展中心签订《绿色食品标志许可使用合同》。中国绿色食品发展中心将对履行了上述手续的产品实行统一编号，并颁发绿色食品使用证书，证书的有效期为 3 年。

（2）绿色食品标志的管理

①中国绿色食品发展中心对企业的监督管理。

企业的监督检查绿色食品标志专职管理人员对所辖区域内绿色食品生产企业每年至少一次监督检查，并将企业履行合同情况，种植、养殖、加工等规程执行情况向中心汇报。

产品及环境抽检：中国绿色食品发展中心每年年初下达抽检任务，指定定点的食品监测机构、环境监测机构对企业使用标志的产品及其原料产地生态环境质量进行抽检，抽检不合格者取消其标志使用权，并公告于众。

市场监督：所有消费者对市场上的绿色食品都有监督的权利。消费者有权了解市场中绿色食品的真假，对有质量问题的产品向中心举报。

出口产品使用绿色食品标志的管理：获得绿色食品标志使用权的企业，在其出口产品上使用绿色食品标志时，必须经中国绿色食品发展中心许可，并在中心备案。

中国绿色食品发展中心在新的绿色食品标准（产品、农药、肥料、食品添加剂及操作

规程等）出台后，应及时提供给企业，并在技术上、信息方面给企业以支持。

②获得绿色食品标志使用权的企业应做到如下要求：

企业必须严格履行《绿色食品标志许可使用合同》，按期交纳标志使用费，对于未如期交纳费用的企业，中国绿色食品发展中心有权取消其标志使用权，并公告于众。

绿色食品标志许可使用有效期为 3 年。若欲到期后继续使用绿色食品标志，必须在使用期满前 3 个月重新申报。未重新申报者，视为自动放弃使用权，收回绿色食品证书，并进行公告。

企业应积极参加各级绿色食品管理部门的绿色食品知识、技术及相关业务的培训。

企业应按照中国绿色食品发展中心要求，定期提供有关获得标志使用权的产品的当年产量，原料供应情况，肥料、农药的使用种类、方法、用量，添加剂使用情况，产品价格，防伪标签使用情况等内容。

获得绿色食品标志使用权的企业不得擅自改变生产条件、产品标准及工艺。企业名称、法人代表等变更须及时报中国绿色食品发展中心备案。

第三节　有机食品认证

随着人类发展、社会进步及生活水平的提高，人们对环境、生态及健康问题更加关注，对食品从数量满足转变为质量的要求，对农业提出可持续发展的要求。因此，可持续发展农业（生态或有机农业）及纯天然、无污染、高质量、富营养的食品（有机食品）成为世界农业及食品行业的发展方向。

一、有机食品概述

（一）有机农业相关概念

I. 有机农业

遵照特定的农业生产原则，在生产中不采用基因工程获得的生物及其产物，不使用化学合成的农药、化肥、生长调节剂、饲料添加剂等物质，遵循自然规律和生态学原理，协调种植业和养殖业的平衡，采用一系列可持续的农业技术以维持持续稳定的农业生产体系的一种农业生产方式。

2. 有机产品

有机产品是按照本标准生产、加工、销售的供人类消费、动物食用的产品。

3. 常规

生产体系及其产品未按照本标准实施管理的。

4. 生物多样性

地球上生命形式和生态系统类型的多样性，包括基因的多样性、物种的多样性和生态系统的多样性。

5. 基因工程技术（转基因技术）

基因工程技术是指通过自然发生的交配与自然重组以外的方式对遗传材料进行改变的技术，包括但不限于重组脱氧核糖核酸、细胞融合、微注射与宏注射、封装、基因删除和基因加倍。

6. 基因工程生物（转基因生物）

基因工程生物是通过基因工程技术、转基因技术改变了其基因的植物、动物、微生物。不包括接合生殖、转导与杂交等技术得到的生物体。

（二）我国有机食品发展的概述

近年来，随着我国经济的不断发展，居民人均收入也在逐步增加，人们对消费品的要求由最初的"量"逐步向"质"的方向转变，且随着网购的出现，食品安全事故的不断发生，这也就增加了人们对健康食品的需求，因此我国绿色食品及有机食品的市场需求在不断增加。目前，我国有机食品产业已具备了一定的发展基础，品牌影响力不断扩大，并形成了以有机豆类为主的东北地区、以有机蔬菜为主的山东省、以有机茶叶为主的江浙皖赣等几大集中生产区域。

在政府部门的合理引导下，在市场需求的有力拉动下，我国有机食品产业依托部分地区的生态条件、环境优势和资源特色，保持了较快的发展态势，已成为富有活力和成长性的朝阳产业。有机产品的销售价格是同类普通食品的200%以上。尽管市场空间较大，但是结合目前我国有机产品的市场来看，有机产品市场依然存在较多问题，如市场推广力度不够，很多消费者只是对所谓的有机食品有所耳闻，并不知道真正意义上的"有机"概念；而且我国有机产品的消费者主要集中在收入较高、经济条件比较富裕或受过高等教育的知识阶层人群，其他的普通收入人群对有机产品的消费能力则较差，这主要还是因为有机产品价格通常比普通农产品价格高出许多所致，而且消费者对我国有机食品的信任度缺乏，一般的消费者都不太相信市场上所谓的"有机食品"。因此也就更不会去购买比普通产品价格高出许多的有机食品。除此之外，在产品的质量管控上也应该加大力度，因为目前市场上很多有机产品质量不过关，尽管通过了某些认证，但还不是真正意义上的有机产品，质量不过关，最终会失去大量的忠实消费者。

二、有机产品认证的相关法规和要求

我国的认证认可体系由法规和标准体系、认证认可制度体系、从业机构体系、监督管理体系、国际合作体系、外部环境体系六大单元组成。法规和标准体系是由一系列规范认证认可活动的法规、管理制度、办法与技术标准组成的、具有约束力的法律规范和制度的总称。目前我国的认证认可法规和标准体系由以下几个层次组成。

（一）法律

目前主要有四部法律涉及认证认可活动，分别是：《产品质量法》《进出口商品检验法》《标准化法》和《计量法》。四部法律分别对管理体系和产品质量认证、进出口商品的检验和认证、产品的质量和技术标准、计量器具与计量检定等相关活动的开展和相关规范的制定实施、监督管理以及法律责任做出了规定。

（二）行政法规

目前规范认证认可活动的行政法规主要由三部国务院制定和发布的条例组成，分别是：《中华人民共和国认证认可条例》《进出口商品检验法实施条例》和《计量法实施细则》等。《认证认可条例》是目前规范我国认证认可活动的主要法规。该条例作为专门规范认证认可活动的法规，集中和系统地对开展认证认可活动所涉及的相关方面做出了较为明确的规定，是细化相关法律规定、规范认证认可活动和指导制定具体规章和办法的主体和依据，是认证认可法规体系的核心。

（三）部门规章

部门规章主要是国务院认证认可行政主管部门和相关部门制定实施的规范认证认可活动的相关规定和办法。主要包括：《认证机构管理办法》《强制性产品认证管理规定》《无公害农产品管理办法》《进口食品国外生产企业卫生注册管理规定》《出口食品企业卫生注册管理规定》《认证违法行为处罚暂行规定》《认证及认证培训、咨询人员管理办法》《认证证书和认证标志管理办法》《强制性产品认证机构、检查机构和实验室管理办法》《有机产品认证管理办法》《能源效率标识管理规定》《认证培训机构管理办法》《认证咨询机构管理办法》及《实验室和检查机构资质认定管理办法》等。

《有机产品认证管理办法》（原国家质检总局2013年第155号令）是我国现行对有机产品认证、流通、标识、监督管理的强制性要求，明确了有机产品的定义、有机产品标准和合格评定程序的要求，对有机产品的监督管理体制、适用范围等进行了具体规定；提出了从事有机产品认证活动的认证机构及其人员的具体要求；对从事有机产品产地（基地）环境检测、产品样品检测活动机构的资质要求做出了规定；规定了有机产品认证证书的基本格式、内容以及标志的基本式样，并明确了有机产品认证证书和标志在使用中的具体要求；规定了认监委和地方质检部门对有机产品监督检查工作中的具体监管方式；规定了对有机产品认证认可活动中违法行为的处罚。

（四）行政规范性文件

行政规范性文件主要是由国家认证认可监督管理委员会制定实施的规范认证认可活动的相关规定和办法。涉及有机产品认证的行政规范性文件主要有：《认证技术规范管理办法》《认证机构、检查机构、实验室获得境外认可备案办法》《认证认可行政处罚若干规定》《认证机构及认证培训、咨询机构审批登记与监督管理办法》《国家认可机构监督管理办法》《认证认可申诉、投诉处理办法》《有机产品认证实施规则》等。

《有机产品认证实施规则》（国家认监委 2014 年第 11 号令）是对认证机构开展有机产品认证程序的统一要求，分别对认证申请、受理、现场检查的要求、提交材料和步骤、样品和产地环境检测的条件和程序、检查报告的记录与编写、做出认证决定的条件和程序、认证证书和标志的发放与管理方式、收费标准等做出了具体规定。

《有机产品认证目录》（认监委 2012 年第 2 号公告）规定了可以进行有机产品认证的产品范围，只有在目录中的产品才可以进行有机产品认证。

二、有机食品的申请与认证

（一）有机食品认证的意义

有助于提高企业的生产管理水平和产品质量，提高企业形象，有助于企业开拓市场，提高市场竞争力，提高经济效益。

可向社会提供高品质、健康、安全的食物，保障人体健康，满足人类对优质生活的需求；可提高我国相关产品在国际上的竞争力；保护基因多样性和农业多样性，维持生态平衡，维持和改善环境质量，保护自然资源，促进环境、自然资源的可持续发展。

（二）企业如何准备有机认证

以某奶牛养殖牧场为例，认证前可按以下事项进行准备。

1.制订有机认证规划

根据市场需求量以及自有或合作饲料基地面积、能外购到的饲料数量来确定牧场是全部进行认证，还是部分进行认证，做好认证及销售规划。

2.制定有机认证排期并实施

根据规划确定牵头责任部门，组织相关部门制定认证排期，并督促各部门按排期完成各项工作。主要的排期可参见相关条款理解要点，在此基础上可将认证公司的选择、配方的制定与审核、内部检查等一些重要、具体的事项均制定到排期表中。

3. 确保有效地与认证公司进行沟通

为确保排期制定的可行性，以及按排期完成各项工作，在有机认证规划制订好后，应及时选择认证公司，并与之沟通规划的内容、排期的内容，评估其能力、价格、时间和人员安排等是否符合本单位要求。因为认证公司安排现场检查的时间受认证地点、认证机构检查员的时间安排等多种因素影响，不可能完全按照认证委托人的要求来安排，因此排期须考虑因此带来的影响。

4. 建立有机管理体系，按照有机标准要求进行生产、加工、经营管理

按照 GB/T 19630.4 标准要求建立有机管理体系，依据《有机产品认证实施规则》条款准备认证申请须提报的材料。同时生产按照 GB/T 19630.1 和 GB/T 19630.3 的要求进行有机产品管理，加工按照 GB/T 19630.2 和 GB/T 19630.3 的要求进行有机产品管理，销售按照 GB/T 19630.3 的要求进行有机产品管理。

5. 向认证公司提交申请并完成认证

有机管理体系实施 3 个月，并且完成内部检查以后，可按照本章第七节《有机食品认证的基本步骤》向认证公司提交申请材料，按排期进行有机转换认证和有机认证。

（三）有机食品认证所需要的资料清单

1. 认证委托人的合法经营资质文件的复印件

包括营业执照副本、组织机构代码证、土地使用权证明及合同等。

2. 认证委托人及其有机生产、加工、经营的基本情况

①认证委托人名称、地址、联系方式；当认证委托人不是直接从事有机产品生产、加工的农户或个体加工组织的，应当同时提交与直接从事有机产品的生产、加工者签订的书面合同复印件及具体从事有机产品生产、加工者的名称、地址、联系方式。

②生产单元或加工场所概况。

③申请认证的产品名称、品种、生产规模包括面积、产量、数量、加工量等；同一生产单元内非申请认证产品和非有机方式生产的产品的基本信息。

④过去 3 年间的生产、加工历史情况说明材料，如植物生产的病虫草害防治、投入物使用及收获等农事活动描述；野生植物采集情况的描述；动物、水产养殖的饲养方法、疾病防治、投入物使用、动物运输和屠宰等情况的描述。

⑤申请和获得其他认证的情况。

3. 产地（基地）区域范围描述

包括地理位置、地块分布、缓冲带及产地周围临近地块的使用情况；加工场所周边环境（包括水、气和有无面源污染）描述、厂区平面图、工艺流程图等。

4. 有机产品生产、加工规划

包括对生产、加工环境适宜性的评价，对生产方式、加工工艺和流程的说明及证明材料，农药、肥料、食品添加剂等投入物质的管理制度，以及质量保证、标识与追溯体系建立、有机生产加工风险控制措施等。

5. 本年度有机产品生产、加工计划

上一年度销售量、销售额和主要销售市场等。

6. 承诺守法诚信，接受认证机构、认证监管等行政执法部门的监督和检查

保证提供材料真实、执行有机产品标准、技术规范及销售证管理的声明。

实际在认证公司认证前，除以上资料，可能还要求提交以下资料：商标注册证明复印件或商标授权使用证明（适用时）；出口企业卫生登记证书和出口企业卫生注册证书；生产、服务的主要过程的流程图；主要生产设备及检测设备清单；多现场项目清单；法律法规标准清单；生产基地有关环境质量的证明材料；环境监测报告（适用时）；土壤检测报告、灌溉用水检测报告（适用时）；水产养殖基地水体检测报告（适用时）；有机产品认证调查表；有关专业技术和管理人员的资质证明材料。

（四）有机食品认证的基本步骤

1. 认证机构的选择

有机产品认证机构应当具备《中华人民共和国认证认可条例》规定的条件和从事有机产品认证的技术能力，经国家认证认可监督管理委员会（简称国家认监委）批准，依法取得法人资格，并在批准范围内从事认证活动。可登录中国国家认证认可监督管理委员会官网（http://www.cnca.gov.cn/），查询和联系有资质的有机产品认证机构。从事有机产品认证检查活动的检查员应取得中国认证认可协会的执业注册资质。

2. 认证机构受理有机产品认证申请的条件

（1）认证委托人及其相关方生产、加工的产品符合相关法律法规、质量安全卫生技术标准及规范的基本要求。

（2）认证委托人建立和实施了文件化的有机产品管理体系，并有效运行 3 个月以上。

（3）申请认证的产品应在国家认监委公布的《有机产品认证目录》内。

（4）认证委托人及其相关方在5年内未出现《有机产品认证管理办法》第四十四条所列情况。

（5）认证委托人及其相关方1年内未被认证机构撤销认证证书。

（6）认证委托人应提交的文件和资料（略）。

3. 申请材料的审查

对符合要求的认证委托人，认证机构应根据有机产品认证依据、程序等要求，在10日内对提交的申请文件和资料进行审查并做出是否受理的决定，保存审查记录。

（1）审查要求如下

①认证要求规定明确，并形成文件和得到理解。

②认证机构和认证委托人之间在理解上的差异得到解决。

③对于申请的认证范围，认证委托人的工作场所和任何特殊要求，认证机构均有能力开展认证服务。

（2）申请材料齐全、符合要求的，予以受理认证申请；对不予受理的，应当书面通知认证委托人，并说明理由。

（3）认证机构可采取必要措施帮助认证委托人及直接进行有机产品生产、加工者进行技术标准培训，使其正确理解和执行标准要求。

4. 认证后的管理

（1）认证机构应当每年对获证组织至少安排一次现场检查。认证机构应根据申请认证产品种类和风险、生产企业管理体系的稳定性、当地质量安全诚信水平总体情况等，科学确定现场检查频次及项目。同一认证的品种在证书有效期内如有多个生产季的，则每个生产季均须须进行现场检查。

认证机构还应在风险评估的基础上每年至少对5%的获证组织实施一次不通知的现场检查。

（2）认证机构应及时了解和掌握获证组织变更信息，对获证组织实施有效跟踪，以保证其持续符合认证的要求。

（3）认证机构在与认证委托人签订的合同中，应明确约定获证组织须建立信息通报制度，及时向认证机构通报以下信息。

①法律地位、经营状况、组织状态或所有权变更的信息。

②获证组织管理层、联系地址变更的信息。

③有机产品管理体系、生产、加工、经营状况、过程或生产加工场所变更的信息。

④获证产品的生产、加工、经营场所周围发生重大动植物疫情、环境污染的信息。

⑤生产、加工、经营及销售中发生的产品质量安全重要信息，如相关部门抽查发现存在严重质量安全问题或消费者重大投诉等。

⑥获证组织因违反国家农产品、食品安全管理相关法律法规而受到处罚。

⑦采购的原料或产品存在不符合认证依据要求的情况。

⑧不合格品撤回及处理的信息。

⑨销售证的使用、产品核销情况。

⑩其他重要信息。

（4）销售证

①认证机构应制定有机认证产品销售证的申请和办理程序，要求获证组织在销售认证产品前向认证机构申请销售证。

②认证机构应对获证组织与销售商签订供货协议的认证产品范围和数量进行审核。对符合要求的颁发有机产品销售证；对不符合要求的应当监督其整改，否则不能颁发销售证。

③销售证由获证组织在销售获证产品时交给销售商或消费者。获证组织应保存已颁发的销售证复印件，以备认证机构审核。

④认证机构对其颁发的销售证的正确使用负有监督管理的责任。

关于销售证的理解要点：销售证一般不向个人消费者发放；获证组织应保存销售证的复印件，以备认证机构审核。销售证的作用如下所述。销售证是由认证机构颁发的文件，声明特定批次或交付的货物来自获得有机认证的生产单元，是证明交易产品走向的担保性文件。证据：是验证所交易产品的有机身份的证据；是追踪追溯有机产品流向的证据；同时也是认证机构对认证产品范围和数量核实确认的参考依据。控制有机产品的数量：销售证有效保证了产品的可追溯性，对获证组织有机产品的范围、产量、数量进行有效的控制（详见销售证内容要求），防止非有机产品与有机产品混淆。

5. 再认证

（1）获证组织应至少在认证证书有效期结束前 3 个月向认证机构提出再认证申请。获证组织的有机产品管理体系和生产、加工过程未发生变更时，认证机构可适当简化申请评审和文件评审程序。

（2）认证机构应当在认证证书有效期内进行再认证检查。因生产季或重大自然灾害的原因，不能在认证证书有效期内安排再认证检查的，获证组织应在证书有效期内向认证机构提出书面申请说明原因。经认证机构确认，再认证可在认证证书有效期后的 3 个月内实施，但不得超过 3 个月，在此期间内生产的产品不得作为有机产品进行销售。

（3）对超过 3 个月仍不能再认证的生产单元，应当重新进行认证。

参考文献

［1］王忠合.食品分析与安全检测技术［M］.北京：中国原子能出版社，2020.

［2］章宇.现代食品安全科学［M］.北京：中国轻工业出版社，2020.

［3］冯翠萍.食品卫生学实验指导［M］.北京：中国轻工业出版社，2020.

［4］吴玉琼.食品专业创新创业训练［M］.上海：复旦大学出版社，2020.

［5］刘建青.现代食品安全与检测技术研究［M］.西安：西北工业大学出版社，2019.

［6］焦岩.食品添加剂安全与检测技术［M］.哈尔滨：哈尔滨工业大学出版社，2019.

［7］杨继涛，季伟.食品分析及安全检测关键技术研究［M］.北京：中国原子能出版社，2019.

［8］赵丽，姚秋虹.食品安全检测新方法［M］.厦门：厦门大学出版社，2019.

［9］刘少伟.食品安全保障实务研究［M］.上海：华东理工大学出版社，2019.

［10］姚玉静，翟培.食品安全快速检测［M］.北京：中国轻工业出版社，2019.

［11］宋卫江，原克波.食品安全与质量控制［M］.武汉理工大学出版社，2019.

［12］刘涛.现代食品质量安全与管理体系的构建［M］.北京：中国商务出版社，2019.

［13］张观发.生态文明建设与食品安全概述［M］.武汉：华中科技大学出版社，2019.

［14］吴惠勤.安全风险物质高通量质谱检测技术［M］.广州：华南理工大学出版社，2019.

［15］朱军莉.食品安全微生物检验技术［M］.杭州：浙江工商大学出版社，2019.

［16］王卉.海洋功能食品［M］.青岛：中国海洋大学出版社，2019.

［17］路飞，陈野.食品包装学［M］.北京：中国轻工业出版社，2019.

［18］赵国华.食品生物化学［M］.北京：中国农业大学出版社，2019.

［19］李宝玉.食品微生物检验技术［M］.北京：中国医药科技出版社，2019.

［20］石慧，陈启和.食品分子微生物学［M］.北京：中国农业大学出版社，2019.

［21］汪东风，徐莹.食品质量与安全检测技术3版.［M］.北京：中国轻工业出版社，2018.

［22］周巍.现代分子生物学技术食品安全检测应用解析［M］.石家庄：河北科学技术出版社，2018.

［23］王晓晖，廖国周.食品安全学［M］.天津：天津科学技术出版社，2018.

［24］刘翠玲，孙晓荣.多光谱食品品质检测技术与信息处理研究［M］.北京：机械工业出版社，2018.

［25］付晓陆，马丽萍.食品农产品认证及检验教程［M］.杭州：浙江大学出版社，2018.

［26］陈文.功能食品教程［M］.北京：中国轻工业出版社，2018.

［27］陶瑞霄.主食加工实用技术［M］.成都：四川科学技术出版社，2018.

［28］荣瑞芬，闫文杰.食品科学与工程综合实验指导［M］.北京：中国轻工业出版社，2018.

［29］郭俊霞.保健食品功能评价实验教程［M］.北京：中国质检出版社，2018.

［30］张震，宋桂成.食品药品监管信息化工程概论［M］.成都：电子科技大学出版社，2018.

［31］胡雪琴.食品理化分析技术（供食品质量与安全、食品检测技术、食品营养与检测等专业用）［M］.北京：中国医药科技出版社，2017.

［32］吴晓彤，赵辉.现代食品的安全问题及安全检测技术研究［M］.北京：中国原子能出版社，2017.

［33］刘野.食品安全管理体系的构建及检验检测技术探究［M］.北京：原子能出版社，2017.

［34］张金彩.食品分析与检测技术［M］.北京：中国轻工业出版社，2017.

［35］顾振华.食品药品安全监管工作指南［M］.上海：上海科学技术出版社，2017.